ΣBEST シグマベスト

大学入試

無機化学の最重要知識スピードチェック

目良 誠二 著

文英堂

■短時間で，入試に必要なことだけを，入試に役立つ形で覚えたい。これは，受験生の永遠の願いである。

■高校化学のなかでも，無機物質の単元は基礎を身につけておけば解ける問題も多い分野である。このため，この分野を得点源とできるかどうかで合否が左右されるといってよい。

■教科書の重要点をまとめた本は数多く出版されている。しかし，これらの本は，いうなれば「操作説明書のない立派な道具」であり，「**実戦でそれらのまとめをどう活用したらよいか**」まで書いた本は本書だけである。

■本書では，いままで学んだ知識を入試でそのまま使えるように，「**74の最重要ポイント**」として大胆にまとめ直した。また，重要なことがらについては視点を変えて繰り返しとりあげ，最重要ポイントを使いこなすワザを目立つ形でのせた。さらに，適所に入試問題例をのせてある。これらの問題が，本書の内容をおさえればスムーズに解けることを実感してほしい。受験生諸君の健闘を祈る。

目次

非金属元素とその化合物

金属元素とその化合物

無機物質と人間生活

無機物質に関する実験

1 元素の周期表

典型元素と遷移元素について，次の **4 点**をおさえる。

	典型元素	遷移元素
族	**1・2** 族，**13～18** 族	**3～12** 族
価電子の数	**0～7** 個 ← 族番号の下 1 桁の数に同じ。（18 族は除く）	**1～2** 個
性 質	**同族元素** が互いに類似 ⇨ 価電子の数が同じ	**同族と左右の元素** が互いに類似
元素の種類	金属元素・非金属元素	**金属元素のみ**

補足　同周期で原子番号が増すと｛**典型元素** ⇨ 最外殻電子の数が増加。／**遷移元素** ⇨ 内側の電子殻の電子の数が増加。｝

周期表での**金属元素・非金属元素**の位置を知る。

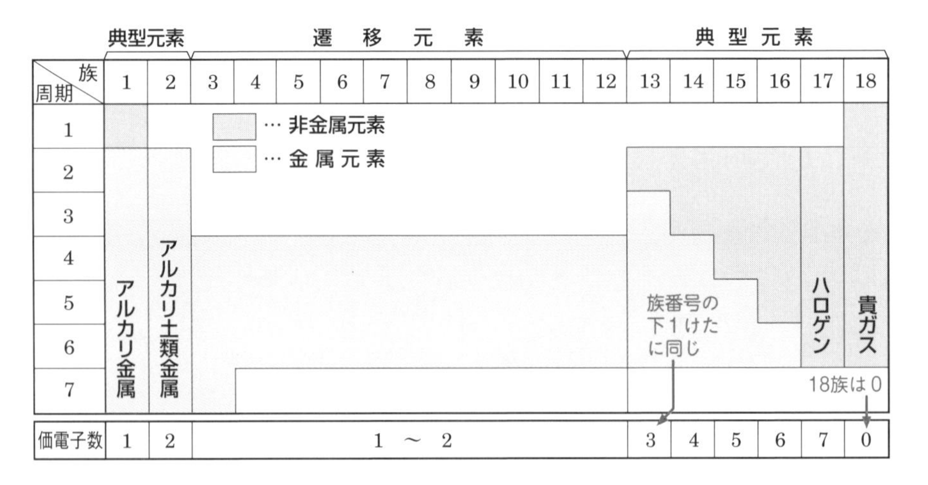

典型元素；周期表の左下側 ⇨ **金属元素**，周期表の右上側 ⇨ **非金属元素**
遷移元素；⇨ **すべて金属元素**

最重要 3 周期表上の**位置**と**元素の性質**の関係をつかむ。

1 周期表の**左側**，**下側**の**元素**ほど **陽性** **が強い**。⇨ 金属性が強い。
⇨ イオン化エネルギーが小さい。⇨ **陽イオンになりやすい**。

解説 1族の元素は1価の陽イオンになりやすく，水素を除く1族元素(アルカリ金属)の単体は水などと激しく反応する。

（反応しない。）

2 周期表の**右側**(18族を除く)，**上側**の**元素**ほど **陰性** **が強い**。
⇨ 非金属性が強い。⇨ 電子親和力が大きい。⇨ **陰イオンになりやすい**。

解説 17族の元素(ハロゲン)は，1価の陰イオンになりやすく，その単体は酸化作用が大きい(⇨ p.10)。

（下図ではAl，Ge，Sn，Pb）

3 周期表の**金属元素と非金属元素の境の近く**には，**両性金属**がある。
⇨ 単体は酸・強塩基いずれとも反応する(⇨ p.63)。

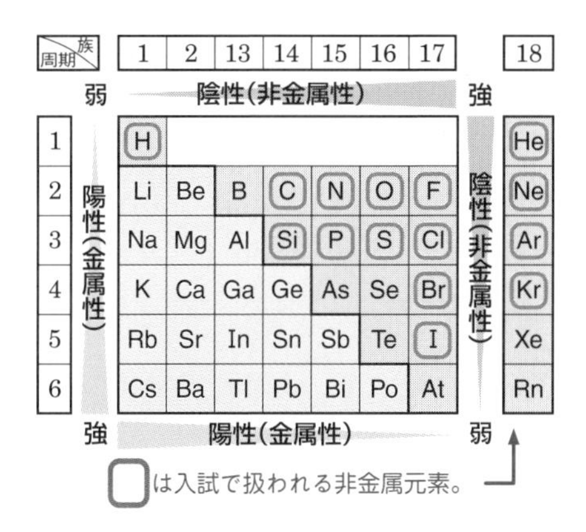

4 族から**価電子の数**，さらに**化合物の化学式も推定**できる。

例題　元素の周期表と物質の性質

右の表は元素の周期表の一部であり，**a**～**p**は仮の元素記号である。

周期＼族	1	2	13	14	15	16	17	18
2	**a**	**b**	**c**	**d**	**e**	**f**	**g**	**h**
3	**i**	**j**	**k**	**l**	**m**	**n**	**o**	**p**

⑴ 表の元素は次のどれに該当するか。

ア　金属元素　　**イ**　非金属元素

ウ　典型元素　　**エ**　遷移元素

⑵ その単体が水と激しく反応して酸素を発生する元素を**a**～**p**で示せ。

解説 ⑴ 第1～第3周期の元素は典型元素。また，3族～12族は遷移元素。

⑵ 水と反応して酸素が発生する（酸化作用の1つ）のは，陰イオンになりやすい元素の単体で，18族を除く，表の右側・上側の**g**のF。

$$2F_2 + 2H_2O \longrightarrow 4HF + O_2\uparrow$$

対して，Naなどの陽イオンになりやすい元素の単体は水と反応して水素が発生する。

答 ⑴ ウ　⑵ **g**

入試問題例　元素の周期表と物質の性質　防衛大

右図は，元素の周期表の一部を表している。図中の記号**a**～**g**は太線で囲まれた領域を表している。次の⑴～⑺は**a**～**g**の領域を説明した文章である。各文章の最も適切な領域を**a**～**g**で示せ。

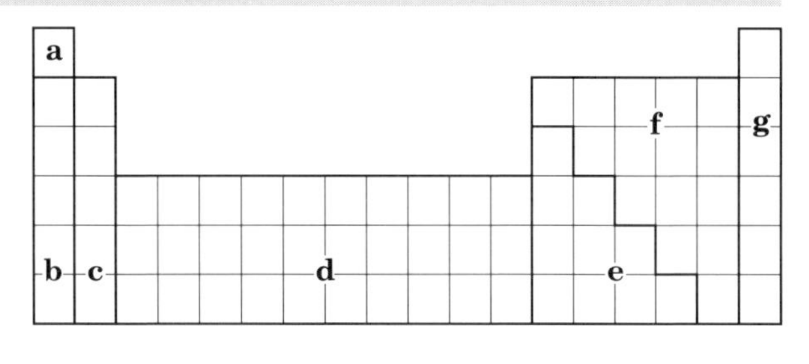

⑴ イオン化エネルギーの最も大きい元素を含む領域である。

⑵ ほとんどの元素が重金属であり，価電子の数は1～2個である。

⑶ この領域に属するすべての元素は，天然に単体として存在しない。また，炎色反応を示す元素と示さない元素の両方を含む領域である。

⑷ この領域に属する元素の単体は，25℃，1.01×10^5 Paで気体状態のもの，液体状態のもの，固体状態のものが存在する。

⑸ 宇宙で最も多く存在する元素を含む領域である。

⑹ この領域に属するすべての元素の単体は，常温の水と容易に反応する。

⑺ ほとんどの元素が重金属であり，両性金属を多く含む領域である。

解説 (1) イオン化エネルギーは，周期表の左側・下側の元素ほど小さい。⇨陽イオンになりやすい(最重要3－❶)。逆に，右側・上側の元素ほど大きいので，18族(貴ガス)である。

(2)「価電子の数は１～２個」より，遷移元素であり(最重要１)，遷移元素はScやTiを除いて重金属である。

(3) 天然に単体として存在しない元素は，反応性の強い元素で，17族(陰イオンになりやすい)，１族・２族(陽イオンになりやすい)である。図の周期表のうち，炎色反応を示すのは１族元素のうちのアルカリ金属(**b**の領域)と２族元素のアルカリ土類金属のうちのBeとMg以外である(⇨ *p.52*)。よって，２族である。

(4) 非金属元素(**f**の領域)の単体は，常温・常圧で，たとえば，N_2，O_2，F_2，Cl_2は気体であり，Br_2は液体，C，Si，P，S，I_2は固体である。

← 非金属単体中ただ１つの液体。

(5) 宇宙に最も多く存在する元素はHである。

(6) 常温の水と反応するのはH_2を除く１族元素の単体である(最重要3－❶)。その他，常温の水と反応するのは，２族のアルカリ土類金属のうちのBeとMg以外，17族のF_2である。

(7) Alを除く，Zn，Hg(12族)，Ge，Sn，Pb(14族)などいずれも重金属である。また，Al，Zn，Ge，Sn，Pbは両性金属である(最重要3－❸)。

答 (1) **g**　(2) **d**　(3) **c**　(4) **f**　(5) **a**　(6) **b**　(7) **e**

2 水素と貴ガス

最重要 4 水素H_2は，実験室での次の**製法**と**特性**をつかむ。

1 **製法**；亜鉛に希硫酸を加える。⇨ **水上置換** ← 水に溶けにくい気体の捕集法。

$$Zn + H_2SO_4 \longrightarrow ZnSO_4 + H_2\uparrow$$

解説 水素よりイオン化傾向(⇨ *p.59*)の大きい金属に酸を加えると発生する。

補足 ▶**工業的製法**；天然ガス(主成分はメタン)やナフサなどの炭化水素に，水を作用させる(触媒；Ni)。⇨ $CH_4 + H_2O \longrightarrow CO + 3H_2$

▶または，水の電気分解によっても得られる。⇨ $2H_2O \longrightarrow 2H_2 + O_2$

2 物質中，**最も軽い**。⇨ **密度が最小の気体**。⇨ 分子量 2.0 (最小)

3 空気中で，**青白い炎**で燃える。⇨ $2H_2 + O_2 \longrightarrow 2H_2O$

解説 成分元素に炭素Cがないため，すすはまったく出ない。（すす ← 遊離炭素）

最重要 5 **貴ガス**は，**安定な電子配置**をもつ原子であることに着目。

解説 **貴ガス(18族)**；He，Ne，Ar，Kr，Xe，Rn ⇨ 空気中に微量に含まれる。
（He，Ne，Ar ← 3つが重要。）（貴ガス ← 希ガスともよばれる。）（微量 ← Arが最も多い。）

1 ほとんど**反応しない**。⇨ 価電子の数が 0

2 **単原子分子**である。⇨ 単原子分子は貴ガスのみ。

補足 ▶いずれも無色・無臭の気体で，沸点が低い。Heは物質中，沸点が**最低**（−269℃）。

▶これらの特性はすべて安定な電子配置による。（安定な電子配置 ← 最外殻電子が8個(Heは2個)。）

例題　水素とヘリウムの比較

次の記述①～⑥のうち，水素の性質にはH_2，ヘリウムの性質にはHe，共通の性質には「共通」を記せ。

① 無色・無臭の気体。
② すべての物質中，分子量が最小。
③ すべての物質中，沸点が最低。
④ 単原子分子である。
⑤ 空気中で燃える。
⑥ 他の物質と反応しない。

解説 ① どちらも無色・無臭の気体である。← 貴ガスはすべて無色・無臭の気体。
② 分子量はH_2が2.0，Heが4.0で，H_2が最も小さく，次いでHeである。
③ 沸点は，Heが最も低く，-269℃である。H_2も-253℃と低い。
④ 水素はH_2で，二原子分子であり，貴ガスはいずれも単原子分子である。
⑤ 水素は空気中で燃えて水になる。貴ガスは燃焼などの反応をしない。
⑥ 水素は種々の化合物をつくるが，貴ガスはほとんど化合物をつくらない。とくにヘリウムは化合物をつくらない。

答 ① **共通**　② **H_2**　③ **He**　④ **He**　⑤ **H_2**　⑥ **He**

入試問題例　貴ガス

群馬大 改

貴ガス元素に関する次の文章の〔　〕内に適する数値・用語を記せ。

貴ガス元素は周期表の〔 (a) 〕族に属し，その価電子の数は〔 (b) 〕個である。その単体は〔 (c) 〕分子の気体として存在しており，化学的に安定でほとんど〔 (d) 〕をつくらない。

貴ガス元素は空気中にわずかに含まれている。1894年，レイリーとラムゼーは，二酸化炭素や水蒸気を取り除いた空気から，さらに酸素と窒素を化学反応によって取り除くと，貴ガス元素〔 (e) 〕が残ることを発見した。

解説 貴ガスは18族である(**最重要2，5**)。最外殻電子の数が，Heは2個，他は8個であり，安定した電子配置であるから，価電子の数は0とする(**最重要5－1**)。また，安定な電子配置なので，原子間で結合しないため，単原子分子であり，化合物をつくらない(**最重要5－2**)。

空気中で，二酸化炭素や水蒸気を除いた後，反応する酸素や窒素を除くと，反応しない貴ガスが残る。貴ガスのうち，空気中で含有率の最も大きいアルゴンが最初に発見された。

答 (a) **18**　(b) **0**　(c) **単原子**　(d) **化合物**　(e) **アルゴン**

3 ハロゲン

最重要 6

ハロゲン単体の性質は，**原子番号順に変化**することに着目。

1 各ハロゲン単体の性質をまとめると次の表のようになる。

	F_2	Cl_2	Br_2	I_2
常温の状態	**気体**	**気体**	**液体**（非金属単体で唯一の液体。）	**固体**
⇨ 沸点・融点	低い →			高い
色	**淡黄色**	**黄緑色**	**赤褐色**	**黒紫色**
	色も順に淡い色から黒味の色へ。			
酸化力 漂白・殺菌力	強い →			弱い
水との反応・水溶性	激しく反応	少し溶ける	ごくわずかに溶ける	溶けにくい
H_2との反応	冷暗所で爆発的に反応	光により爆発的に反応	高温で反応	高温でゆるやかに反応

解説 ▶ハロゲンは17族で，**価電子が7個**であり，**1価の陰イオンになりやすい**。

$F_2 + 2e^- \longrightarrow 2F^-$
$Cl_2 + 2e^- \longrightarrow 2Cl^-$
} ⇨ 電子を奪う ⇨ **酸化力が強い**。（天然に単体として存在しない。）

▶ F_2；**常温の水**と激しく反応して**酸素**を発生。⇨ $2F_2 + 2H_2O \longrightarrow 4HF + O_2\uparrow$

（NaやKは水と反応して水素を発生。）

2 Cl_2とI_2は，次の性質を確実におさえておくこと。

Cl_2；
- **酸化力が強い** ⇨ **水素や金属と激しく反応**，漂白・殺菌作用
  - 塩化物となる。
- 検出；**ヨウ化カリウムデンプン紙を青変**，**黄緑色の気体**
  - オゾンも青変する。
  - 黄緑色の気体は塩素だけ。

I_2；**昇華性**の**黒紫色の固体**，**デンプン水溶液を青変**
- 固体から直接気体になる。
- ヨウ素デンプン反応

補足 ▶Cl_2は水に溶けると，一部が次のように反応する。

⇨ $Cl_2 + H_2O \rightleftarrows HCl + HClO$（次亜塩素酸）

強い酸化作用を示す。

塩素のオキソ酸

- $HClO_4$ 過塩素酸（酸化数+7）
- $HClO_3$ 塩素酸
- $HClO_2$ 亜塩素酸
- $HClO$ 次亜塩素酸（酸化数+1）

▶I_2は，水に溶けにくいが，アルコールやヨウ化カリウム水溶液に溶ける。

例 題　ハロゲン単体の酸化力

次のア～エのうち，起こりにくい反応はどれか。

ア　$2KI + Cl_2 \longrightarrow 2KCl + I_2$

イ　$2KI + Br_2 \longrightarrow 2KBr + I_2$

ウ　$2KF + Cl_2 \longrightarrow 2KCl + F_2$

エ　$2KBr + Cl_2 \longrightarrow 2KCl + Br_2$

解説　酸化力の強さが$F_2 > Cl_2 > Br_2 > I_2$より，**ウ**のように，フッ素の化合物にフッ素より酸化力の弱い塩素Cl_2を作用させても反応が起こらない。

⇨ 酸化力の弱いほうの単体が遊離する反応が起こる。

弱いものが追い出される。

答　ウ

入試問題例　ハロゲンの単体

京都府大改

次の文章を読み，あとの問いに答えよ。

17族元素は（ a ）とよばれる。（ a ）の原子は価電子を（ b ）個もち，（ c ）価の（ d ）イオンになりやすい。これらの元素の水素化物の水溶液は酸としてはたらき，単体は表にまとめた性質を示す。

化学式	F_2	Cl_2	（ e ）	I_2
室温での状態	**A**	**B**	**C**	**D**
色	淡黄色	黄緑色	赤褐色	（ f ）

(1) 文中ならびに表中の**a**～**f**に入る適切な語句，数字および化学式を記せ。

(2) 表中の**A**～**D**の状態にふさわしいものを次の**ア**～**オ**から1つ選び，記号で答えよ。

ア　すべて気体

イ　**A**～**C**は気体，**D**は液体

ウ　**A**，**B**は気体，**C**，**D**は液体

エ　**A**，**B**は気体，**C**は液体，**D**は固体

オ　**A**，**B**は気体，**C**，**D**は固体

(3) 次の**ア**～**エ**のうち，誤っているものを1つ選び，記号で答えよ。

ア　イオン半径は，$F^- < Cl^- < I^-$である。

イ　酸化力は，$F_2 < Cl_2 < I_2$である。

ウ　酸としての強さは，フッ化水素酸＜塩酸＜ヨウ化水素酸である。

エ　塩素は水に溶けて漂白・殺菌効果をもつ。

解説　(1) ハロゲン元素の原子は，電子を1個受け取ることによって，安定した電子配置をとろうとする。よって，1価の陰イオンになりやすい。

(3) **ア**；同族のイオンどうしでは，原子番号が大きいほどイオン半径が大きい。

イ；酸化力は，$F_2 > Cl_2 > I_2$である（最重要6－**1**）。

ウ；フッ化水素の水溶液はフッ化水素酸とよばれ，弱酸である。ハロゲン化水素の水溶液の酸の強さは，$HF \ll HCl < HBr < HI$となる（⇨p.15）。

答　(1) **a**；**ハロゲン**　**b**；**7**　**c**；**1**　**d**；**陰**　**e**；Br_2　**f**；**黒紫色**

(2) **エ**

(3) **イ**

塩素の実験室での製法は，次の2つが重要。精製に用いる水と濃硫酸のはたらきをおさえておく。

1 加熱を必要とする実験室での製法

⇨ **酸化マンガン(Ⅳ)と濃塩酸を加熱する。**

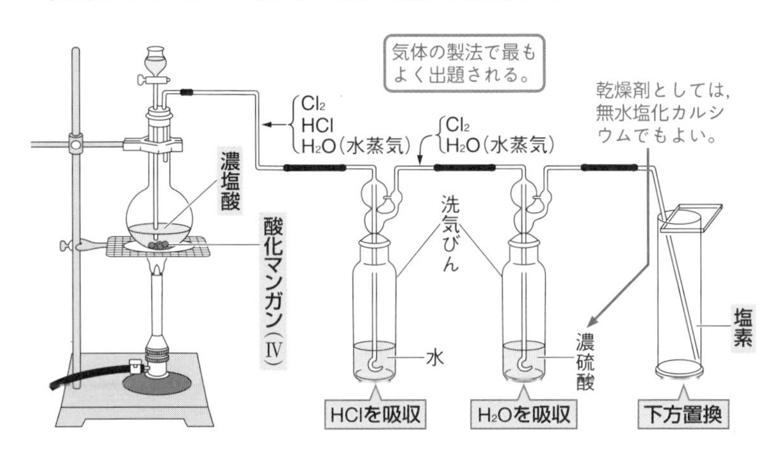

解説 ▶**フラスコ内の反応**；$MnO_2 + 4HCl \longrightarrow MnCl_2 + 2H_2O + Cl_2\uparrow$
（MnO_2：酸化マンガン(Ⅳ)）

⇨ MnO_2 は**酸化剤**として作用；Mnの酸化数 $+4 \rightarrow +2$
⇨ HClは酸化された。

▶**精製**；Cl_2 に混じっている **塩化水素** HClを水に吸収させた後，濃硫酸を通して **水蒸気** を除く。
（塩化水素は水によく溶ける。）

▶**捕集**；Cl_2 は水に少し溶け，空気より重いから **下方置換** とする。
（少し溶け：水上置換は不適当。　重い：分子量71（空気の約2.4倍））

2 加熱しない実験室での製法

⇨ **さらし粉(高度さらし粉)に希塩酸を加える。**

$$\underset{\text{さらし粉}}{CaCl(ClO)\cdot H_2O} + 2HCl \longrightarrow CaCl_2 + 2H_2O + Cl_2\uparrow$$

$$\underset{\text{高度さらし粉}}{Ca(ClO)_2\cdot 2H_2O} + 4HCl \longrightarrow CaCl_2 + 4H_2O + 2Cl_2\uparrow$$

補足 **塩素の工業的製法；塩化ナトリウム水溶液の電気分解** ⇨ 陽極に生成。

$NaCl \longrightarrow Na^+ + Cl^-$
- 陽極；$2Cl^- \longrightarrow Cl_2\uparrow + 2e^-$
- 陰極；$2H_2O + 2e^- \longrightarrow H_2\uparrow + 2OH^-$

入試問題例　塩素の発生と捕集

日本女子大改

塩素をつくるのに，下図の装置で酸化マンガン(Ⅳ)に濃塩酸を加えて加熱した。

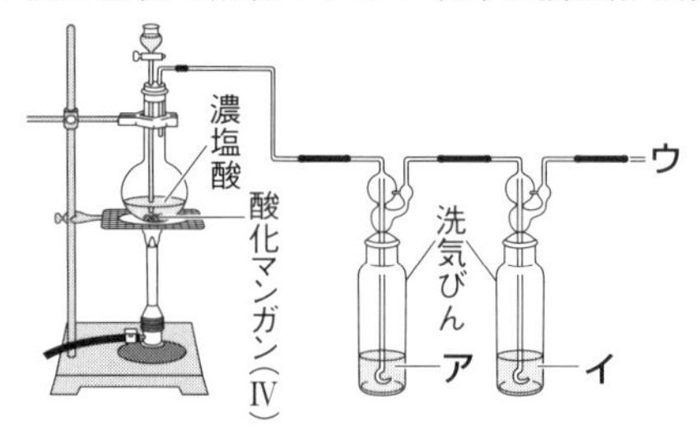

(1) 濃塩酸ではなく希塩酸を用いる場合，何と反応させればよいか。

(2) 発生した塩素を捕集する前に，混入した塩化水素と水蒸気を除去するためには，図の洗気びん**ア**と**イ**の中に何を入れたらよいか。

(3) 図の**ウ**の塩素の捕集方法を示せ。

解説 (1) さらし粉 $CaCl(ClO)\cdot H_2O$ または高度さらし粉 $Ca(ClO)_2\cdot 2H_2O$ に希塩酸を加えても塩素が得られる(最重要7－**2**)。

(2) **ア**に水で塩化水素を除き，**イ**に濃硫酸で水分を吸収する(最重要7－**1**)。

塩化水素：水によく溶ける。　濃硫酸：乾燥剤

(3) 塩素は水に少し溶け，空気より重いので下方置換で捕集する(最重要7－**1**)。

答 (1) **さらし粉(高度さらし粉)**

(2) **ア；水　イ；濃硫酸**

(3) **下方置換**

フッ化水素HFの次の 3つの特性 をつかむ。

他のハロゲン化水素との違い。

1 **沸点が異常に高い** ⇨ 分子間にはたらく強い結合による。

水素結合(⇨ *p.28*)

補足 標準状態で，HFは液体，他のハロゲン化水素は気体。
→ 0℃，1.013×10^5Pa

2 フッ化水素の水溶液は **弱酸** **である** ⇨ 他のハロゲン化水素は**強酸**。

	HF	HCl	HBr	HI
沸点〔℃〕	**20**	**−85**	**−67**	**−35**
水溶液	フッ化水素酸 弱　酸	塩　酸 強　酸	臭化水素酸 強　酸	ヨウ化水素酸 強　酸

ガラス容器は不適。

3 フッ化水素の水溶液は **ガラスを溶かす** ⇨ **ポリエチレン容器** **に保存**する。

解説 ガラスの主成分である二酸化ケイ素SiO_2と次のように反応する。

$$SiO_2 + 6HF \longrightarrow 2H_2O + \underset{\text{ヘキサフルオロケイ酸}}{H_2SiF_6}$$

補足 ▶**ハロゲン化水素の共通点**；室温で，無色・刺激臭の気体。水によく溶ける。
▶**HFの製法**；フッ化カルシウム(蛍石)と濃硫酸を加熱する。

$$CaF_2 + H_2SO_4 \longrightarrow CaSO_4 + 2HF\uparrow$$

最重要 9

塩化水素・塩酸は，製法と検出に着目する。

1 塩化水素の実験室での製法；**塩化ナトリウム**と**濃硫酸**を加熱。

⇨ $NaCl + H_2SO_4 \longrightarrow NaHSO_4 + HCl\uparrow$

（H_2SO_4：不揮発性，HCl：揮発性）

揮発性の酸の塩に不揮発性の酸を加えると，揮発性の酸が生じる反応。

補足 **塩酸は揮発性，硫酸は不揮発性**，硝酸はやや揮発性で，いずれも強酸。

2 検出；**アンモニア**を {**塩化水素**に触れる / **濃塩酸**に近づける} と，**白煙**を生じる。

⇨ $NH_3 + HCl \longrightarrow NH_4Cl$（白煙；固体）

例題 フッ化水素と塩化水素

次の記述①～④は，「HF」，「HCl」，両方に「共通」のどれにあてはまるか。

① 標準状態で液体である。

② 水によく溶ける。

③ 水溶液は強い酸性を示す。

④ 水溶液はガラス容器に保存できない。

解説 ①，④ HFは沸点が異常に高く，0℃では液体。水溶液は弱い酸性を示し，また，ガラスを溶かす。（沸点20℃）

③ HClの水溶液は強い酸性を示す。（HClの水溶液＝塩酸）

答 ① HF　② 共通　③ HCl　④ HF

入試問題例　ハロゲン化水素と単体の反応　愛知工業大[改]

(1) 次の**ア**～**エ**の記述のうち，誤っているものをすべて選び，記号で答えよ。

ア　フッ化水素酸は強酸である。

イ　臭化ナトリウムに塩素を反応させると臭素を生じ，同じように，ヨウ化ナトリウムに臭素を反応させるとヨウ素を生じる。

ウ　ハロゲン単体の酸化力は，原子番号が大きいほど強いといえる。

エ　臭化水素酸やヨウ化水素酸も強い酸性を示す。

(2) フッ化カルシウムに濃硫酸を加えて加熱したときの反応を化学反応式で記せ。

解説　(1) **ア**，**エ**；ハロゲン化水素のうち，HFは弱酸，他は強酸(最重要8－**2**)。よって，**ア**が誤りである。

イ，**ウ**；酸化力は$F_2 > Cl_2 > Br_2 > I_2$であり，原子番号が小さいほど強い(最重要6－**1**)。よって，**ウ**が誤りである。

(2) 揮発性の酸の塩に不揮発性の酸を加えると，揮発性の酸が生じる反応。

答　(1) **ア**，**ウ**

(2) $CaF_2 + H_2SO_4 \longrightarrow CaSO_4 + 2HF$

4 酸素・硫黄とその化合物

酸性酸化物と塩基性酸化物の性質とオキソ酸の強さをおさえよう。

1 酸化物

- **酸性酸化物**…非金属元素の酸化物
  例 CO_2, NO_2, SiO_2, P_4O_{10}, SO_2, SO_3, Cl_2O_7
- **塩基性酸化物**…金属元素の酸化物
  例 Na_2O, MgO, CaO, Fe_2O_3, CuO, BaO
- **両性酸化物**…両性金属の酸化物(⇨ *p.64*)
  例 Al_2O_3, ZnO, SnO, PbO

2 非金属元素の酸化物は水に溶かすと**オキソ酸**を生じたり，塩基と反応して**中和反応**が起きたりする。

オキソ酸：分子中にO原子を含む酸

例 $SO_3 + H_2O \longrightarrow H_2SO_4$（オキソ酸）
$Cl_2O_7 + H_2O \longrightarrow 2HClO_4$（オキソ酸）
$CO_2 + Ca(OH)_2 \longrightarrow CaCO_3 + H_2O$

補足 CO，NOは水に溶けにくく，塩基と中和反応をしないから，酸性酸化物ではない。

3 金属元素の酸化物は水に溶かすと**水酸化物**を生じたり，酸と反応して**中和反応**が起きたりする。

例 $Na_2O + H_2O \longrightarrow 2NaOH$
$MgO + 2HCl \longrightarrow MgCl_2 + H_2O$

H⁺を放出しやすい。

4 オキソ酸は，中心となる原子の**電気陰性度が大きいほど，強い酸**となる。

例 **酸の強さ**　ケイ酸 H_2SiO_3 ＜ リン酸 H_3PO_4 ＜ 硫酸 H_2SO_4 ＜ 過塩素酸 $HClO_4$

（数値は電気陰性度）　1.9　2.2　2.6　3.2

同じ元素からなるオキソ酸の場合，分子中の**O原子が多いほど強い酸**となる。

例 **酸の強さ**　次亜塩素酸 $HClO$ ＜ 亜塩素酸 $HClO_2$ ＜ 塩素酸 $HClO_3$ ＜ 過塩素酸 $HClO_4$

酸化数＋1　酸化数＋3　酸化数＋5　酸化数＋7

亜硫酸 H_2SO_3 ＜ 硫酸 H_2SO_4

酸化数＋4　酸化数＋6

5 同一周期の酸化物を比較すると，**族の番号が大きくなるほど酸性が強い。**

例 第3周期元素の酸化物

族	1	2	13	14	15	16	17
元　素	Na	Mg	Al	Si	P	S	Cl
酸化物	Na_2O	MgO	Al_2O_3	SiO_2	P_4O_{10}	SO_3	Cl_2O_7
分　類	**塩基性酸化物**		**両性酸化物**	**酸性酸化物**			
水酸化物	$NaOH$	$Mg(OH)_2$	$Al(OH)_3$				
オキソ酸				H_2SiO_3	H_3PO_4	H_2SO_4	$HClO_4$
水溶液	**強塩基性**	**弱塩基性**		**弱酸性**		**強酸性**	

入試問題例　酸化物の分類と反応　秋田大

右の表に関する以下の問いに答えよ。

(1) 表中の**ア**にあてはまる酸化物の組成式を答えよ。

(2) 表中の**イ**，**ウ**にあてはまる酸化物の分類の名称をそれぞれ答えよ。

(3) Cl_2O_7の塩素およびSO_3の硫黄の酸化数を答えよ。

(4) MgOと希塩酸との反応を化学反応式で書け。

族	元素	酸化物	分　類
1	Na	Na_2O	イ
2	Mg	MgO	
13	Al	ア	両性酸化物
14	Si	SiO_2	ウ
15	P	P_4O_{10}	
16	S	SO_3	
17	Cl	Cl_2O_7	

(5) SiO_2と水酸化ナトリウムを混合し，融解したときに起こる反応を化学反応式で書け。

(6) P_4O_{10}を十分な量の水に溶かし，加熱したときに起こる反応を化学反応式で書け。

解説 (2) 酸性酸化物は非金属元素の酸化物であり，塩基性酸化物は金属元素の酸化物である(最重要10−1)。族の番号が大きくなるほど，酸性が強い(最重要10−5)。

(3) 求める酸化数をxとおくと，

Cl_2O_7；$x\times2+(-2)\times7=0$　$\therefore\ x=+7$

SO_3；$x+(-2)\times3=0$　$\therefore\ x=+6$

(4) 塩基性酸化物であるMgOと希塩酸が中和反応を起こす(最重要10−3)。

(5) 酸性酸化物であるSiO_2と水酸化ナトリウムが中和反応を起こす(最重要10−2)。

(6) 酸性酸化物であるP_4O_{10}を水に溶かすとオキソ酸であるリン酸H_3PO_4が生じる(最重要10−2)。

答 (1) Al_2O_3

(2) **イ；塩基性酸化物　ウ；酸性酸化物**

(3) Cl_2O_7；**+7**　SO_3；**+6**

(4) $MgO + 2HCl \longrightarrow MgCl_2 + H_2O$

(5) $SiO_2 + 2NaOH \longrightarrow Na_2SiO_3 + H_2O$

(6) $P_4O_{10} + 6H_2O \longrightarrow 4H_3PO_4$

硫黄の単体では，3 種類の同素体の性質の違いをおさえておくこと。

	斜方硫黄	単斜硫黄	ゴム状硫黄
化学式	S_8（環状）	S_8（環状）	S_x（鎖状）
状　態	黄色・塊状	淡黄色・針状	黄～褐色・ゴム状
溶解性	CS_2 に溶ける		CS_2 に溶けない

斜方硫黄：常温で安定。
常温で放置すると斜方硫黄になる。（単斜硫黄・ゴム状硫黄）
S_x：多数の S 原子。
水には溶けない⇨ 3 種類の同素体の共通点。

補足 ▶空気中で燃えて**二酸化硫黄**となる。 $S + O_2 \longrightarrow SO_2$
▶**よく出題される同素体**：S，C（ダイヤモンドと黒鉛 ⇨ *p.34*），O（酸素とオゾン），P（黄リンと赤リン ⇨ *p.33*）
SCOP（スコップ）と覚える。

例題　硫黄の同素体

次の①～⑥の記述は，あとの**ア～エ**のどれにあてはまるか。

① 水に溶けない。
② 二硫化炭素に溶けない。
③ 常温で最も安定。
④ 針状結晶。
⑤ 空気中で燃える。
⑥ 化学式が S_x。

ア　斜方硫黄　　**イ**　単斜硫黄　　**ウ**　ゴム状硫黄　　**エ**　いずれも共通

答 ① **エ**　② **ウ**　③ **ア**　④ **イ**　⑤ **エ**　⑥ **ウ**

実験室での製法は，次のようにSO_2は**2つ**，H_2Sは**1つ**を覚えておく。

加熱「要」と「不要」の２つ。

1 SO_2

銅と濃硫酸を加熱

⇨ $Cu + 2H_2SO_4 \longrightarrow CuSO_4 + 2H_2O + SO_2\uparrow$

亜硫酸水素ナトリウムに希硫酸を加える。

塩酸でもよい。

⇨ $2NaHSO_3 + H_2SO_4 \longrightarrow Na_2SO_4 + 2H_2O + 2SO_2\uparrow$ …A

亜硫酸ナトリウムNa_2SO_3でもよい。
$Na_2SO_3 + H_2SO_4 \longrightarrow Na_2SO_4 + H_2O + SO_2\uparrow$

2 H_2S；**硫化鉄（Ⅱ）に希硫酸**を加える。

塩酸でもよい。

⇨ $FeS + H_2SO_4 \longrightarrow FeSO_4 + H_2S\uparrow$ …B

解説 ▶SO_2，H_2Sどちらも水に溶け，また，空気より重いので，**下方置換**で捕集する。
▶A，Bどちらも〔**弱酸の塩**〕+〔**強酸**〕⟶〔**強酸の塩**〕+〔**弱酸**〕のパターンの反応。

SO_2とH_2Sの共通点とH_2Sの特性に着目する。SO_2とH_2Sの反応も重要。

1 共通点；水に溶けて **弱酸性**。**還元性** あり。
（無色の気体も共通。）

解説 ▶**酸性**；水に溶けて，$SO_2 + H_2O \rightleftarrows H^+ + HSO_3^-$

$H_2S \rightleftarrows H^+ + HS^-$

$HS^- \rightleftarrows H^+ + S^{2-}$

H^+ ⇨ 酸性

▶**還元性**；$SO_2 + 2H_2O \longrightarrow SO_4^{2-} + 4H^+ + 2e^-$

$H_2S \longrightarrow S + 2H^+ + 2e^-$

電子e^-を与える ⇨ 還元性

2 H_2Sの特性
- **腐卵臭**，空気中で**燃える** ⇨ SO_2は刺激臭，燃えない。
  腐卵臭は１つ，刺激臭の気体は多い。
- 種々の金属イオンと硫化物の **沈殿** を生成（⇨最重要59）。

解説 ▶**燃焼**；$2H_2S + 3O_2 \longrightarrow 2H_2O + 2SO_2\uparrow$ ← 刺激臭の気体（SO_2）が生成。

▶**金属イオンとの反応**；$Cu^{2+} + S^{2-} \longrightarrow CuS\downarrow$（黒色）

$Pb^{2+} + S^{2-} \longrightarrow PbS\downarrow$（黒色）

3 $SO_2 + 2H_2S \longrightarrow 2H_2O + 3S\downarrow$

⇨ **SO_2は 酸化剤，H_2Sは還元剤として作用している**

⇨ 還元剤であるSO_2が酸化剤として作用 ← このことがよく出題される。

解説 Sの酸化数の変化 ⇨ SO_2；$+4 \rightarrow 0$　　H_2S；$-2 \rightarrow 0$

例題 SO_2とH_2S

次の①～⑥の記述は，あとの**ア**～**ウ**のうち，どれがあてはまるか。

① 腐卵臭の有毒な気体。
② 水に溶けて弱酸性。
③ 銅と濃硫酸を加熱してつくる。
④ 空気中で燃える。
⑤ 酢酸鉛(Ⅱ)水溶液に通じると黒色沈殿を生じる。
⑥ 還元性がある。

ア SO_2　**イ** H_2S　**ウ** どちらにも共通

答 ① **イ**　② **ウ**　③ **ア**　④ **イ**　⑤ **イ**　⑥ **ウ**

入試問題例 SO_2とH_2Sの性質

センター試験

二酸化硫黄と硫化水素の性質として正しいものを，次の①～⑤のうちから選べ。

① 二酸化硫黄は硫化水素と反応して，硫黄を生じる。
② 二酸化硫黄は無色･無臭の気体である。
③ 二酸化硫黄の水溶液は，中性である。
④ 硫化水素を銅(Ⅱ)イオンを含む水溶液に通すと，青緑色の沈殿を生じる。
⑤ 硫化水素は，ヨウ素によって還元される。

解説 ① $SO_2 + 2H_2S \longrightarrow 2H_2O + 3S$ のように反応してSを生じる(最重要13－**3**)。
② SO_2は無色であるが，刺激臭のある気体。
③ SO_2の水溶液は弱酸性(最重要13－**1**)。
④ 黒色の沈殿CuSが生じる(最重要13－**2**)。
⑤ 硫化水素は強い還元剤なので，硫化水素自身はヨウ素によって酸化される。

答 ①

最重要 14

接触法はSO_2 ⟶ SO_3 ⟶ 発煙硫酸 ⟶ H_2SO_4の流れと，SO_3生成反応の触媒V_2O_5が重要。

〔**接触法**〕① **酸化バナジウム**(V) V_2O_5 を触媒として SO_2 を SO_3 とする。

⇨ $2SO_2 + O_2 \longrightarrow 2SO_3$ ⇨ SO_3（三酸化硫黄）；白色の固体

② SO_3を濃硫酸に吸収させて**発煙硫酸**とした後，希硫酸でうすめてH_2SO_4とする。⇨ $SO_3 + H_2O \longrightarrow H_2SO_4$ ↖水と反応

「濃硫酸」なら不揮発性・脱水（吸湿）性・酸化作用，「希硫酸」なら強酸性。

〔濃硫酸〕

1 不揮発性の液体。沸点が高く，気体になりにくい。

解説 不揮発性の酸であるため，次のように揮発性の酸を生成する。

$$NaCl + H_2SO_4 \longrightarrow NaHSO_4 + HCl\uparrow$$

$$NaNO_3 + H_2SO_4 \longrightarrow NaHSO_4 + HNO_3$$

〔**揮発性の酸の塩**〕+〔**不揮発性の酸**〕⟶（加熱）〔**不揮発性の酸の塩**〕+〔**揮発性の酸**〕

希硫酸にするとき。

2 脱水性・吸湿性 ⇨ 乾燥剤に利用される。水に加えると発熱する。

補足 **水でうすめるとき**；水に濃硫酸を加える。⟵ この逆は危険。

〔**脱水作用の例**〕 有機化合物からHとOをH_2Oとしてとる。

$C_{12}H_{22}O_{11} \longrightarrow 12C + 11H_2O$ ⟵ スクロース（ショ糖）の炭化。

3 加熱すると酸化作用 ⇨ 銅や銀を溶かす。

例 $Cu + 2H_2SO_4 \xrightarrow{加熱} CuSO_4 + 2H_2O + SO_2\uparrow$ （SO_2の製法）

〔希硫酸〕

強酸性の性質だけ。⇨ 希硫酸の反応のほとんどは塩酸でも反応。

例 $Zn + H_2SO_4 \longrightarrow ZnSO_4 + H_2\uparrow$ （H_2の製法）

$2NaHSO_3 + H_2SO_4 \longrightarrow Na_2SO_4 + 2H_2O + 2SO_2\uparrow$ （SO_2の製法）

$FeS + H_2SO_4 \longrightarrow FeSO_4 + H_2S\uparrow$ （H_2Sの製法）

入試問題例　硫黄とその化合物　新潟大改

(i) 硫黄の単体には，〔 (a) 〕として斜方硫黄，〔 (b) 〕，〔 (c) 〕がある。斜方硫黄と〔 (b) 〕はS_8で示されるが，〔 (c) 〕は多数のS原子がつながった分子からなる。

(ii) 二酸化硫黄は，工業的には，硫黄または$_{\mathbf{A}}$黄鉄鉱を空気中で燃焼させることによって得られる。実験室では，$_{\mathbf{B}}$銅に濃硫酸を加えて加熱するか，$_{\mathbf{C}}$亜硫酸水素ナトリウムに希硫酸を加えて得られる。

(iii) 硫酸の工業的製法である接触法は，二酸化硫黄を〔 (d) 〕のはたらきにより，空気中で酸化して〔 (e) 〕にし，濃硫酸に吸収させた後，希硫酸でうすめてつくる。

(1) (a)～(e)に適する語句または物質名を入れよ。

(2) 下線部**A**～**C**の反応を化学反応式で書け。（黄鉄鉱はFeS_2とする）

(3) 次の①～④は，あとの**ア**～**エ**のどの性質によるか。

① 銅に熱濃硫酸を作用させると，二酸化硫黄が発生する。

② 塩化ナトリウムに濃硫酸を加えて熱すると，塩化水素が発生する。

③ 亜鉛に希硫酸を加えると，水素が発生する。

④ スクロースに濃硫酸を加えると，炭素を遊離して黒くなる。

ア　酸化作用　**イ**　不揮発性　**ウ**　脱水作用　**エ**　強酸性

解説　(1)は最重要11，14，(2)は最重要12，(3)は最重要15を参照せよ。

答　(1) (a) **同素体** (b) **単斜硫黄** (c) **ゴム状硫黄** (d) **酸化バナジウム(V)**
(e) **三酸化硫黄**

(2) **A**：$4FeS_2 + 11O_2 \longrightarrow 2Fe_2O_3 + 8SO_2$

B：$Cu + 2H_2SO_4 \longrightarrow CuSO_4 + 2H_2O + SO_2$

C：$2NaHSO_3 + H_2SO_4 \longrightarrow Na_2SO_4 + 2H_2O + 2SO_2$

(3) ① **ア** ② **イ** ③ **エ** ④ **ウ**

5 窒素・リンとその化合物

最重要 16

アンモニアの実験室での製法では加熱のしかた・乾燥剤・捕集方法を確実におさえる。

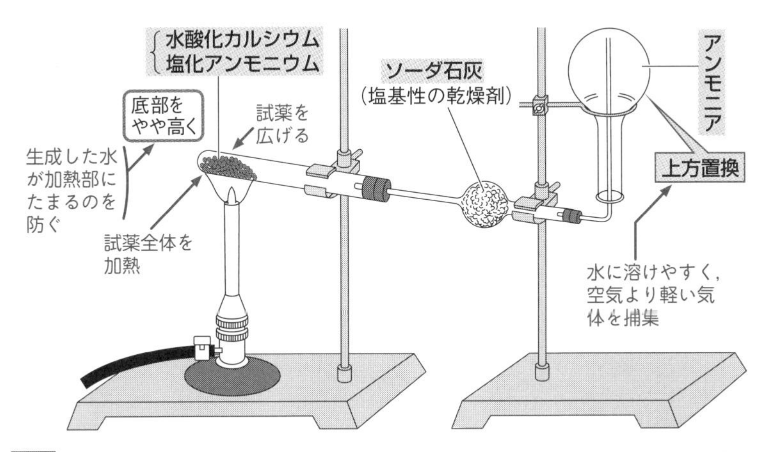

解説 ▶**試験管内の反応**；$2NH_4Cl + Ca(OH)_2 \longrightarrow CaCl_2 + 2NH_3\uparrow + 2H_2O$

⇨〔弱塩基の塩〕+〔強塩基〕⟶〔強塩基の塩〕+〔弱塩基〕のパターンの反応。

▶**乾燥剤**；NH_3は塩基性の気体なので，塩基性の乾燥剤の**ソーダ石灰**(CaOと$NaOH$の混合物)を用いる。⇨濃硫酸や十酸化四リンはNH_3と中和反応し，塩化カルシウムはNH_3と反応して$CaCl_2\cdot 8NH_3$を生じるため不適当。

（濃硫酸や十酸化四リン：酸性の乾燥剤。）

最重要 17

アンモニアの性質では，塩基性と，HClで発生する白煙がポイント。

非常に溶けやすい気体はNH_3とHCl

1 水に非常に溶けやすく，水溶液は弱塩基性を示す気体。

解説 ▶水溶液中では　$NH_3 + H_2O \rightleftarrows NH_4^+ + OH^-$ ← 塩基性

▶**塩基性**を示す気体はNH_3だけ ⇨「赤色リトマス紙を青変する気体」はNH_3

2 濃塩酸を近づけると白煙を生じる ⇨ NH_3の検出

「白煙」とあれば，この反応。

解説 $NH_3 + HCl \longrightarrow NH_4Cl$（白煙）

HClの検出にも用いる。

補足 ▶高圧にしたり，低温にしたりすると，**容易に液体になる**。← 水素結合による。

▶**水素結合**：HF，H_2O，NH_3の各分子間にはたらく特別な引力（結合）で，ファンデルワールス力に比べて異常に強い引力（結合）を示す。⇨ HF，H_2O，NH_3の沸点が異常に高く，液化しやすい。

例題　アンモニアの性質

次の①～⑤のうち，アンモニアの性質でないのはどれか。すべて選べ。

① 無色・無臭の気体。
② フェノールフタレインを赤色にする。
③ 濃硫酸を近づけると白煙を生成。
④ 水によく溶ける。
⑤ 液化しやすい。

解説 ① 無色・刺激臭の気体。
② 塩基性の気体であるから，フェノールフタレインを赤色にする。
③ 濃塩酸を近づけると白煙を生じるが，濃硫酸は不揮発性で，白煙を生じない。
④ 水によく溶ける。← NH_3は最もよく溶ける気体。
⑤ 高圧や低温で容易に液化する。

答 ①，③

入試問題例 アンモニアの発生と捕集 センター試験

右図は，アンモニアの発生装置および上方置換による捕集装置を示している。この実験に関する記述として誤りを含むものを，次の①～⑤のうちから１つ選べ。

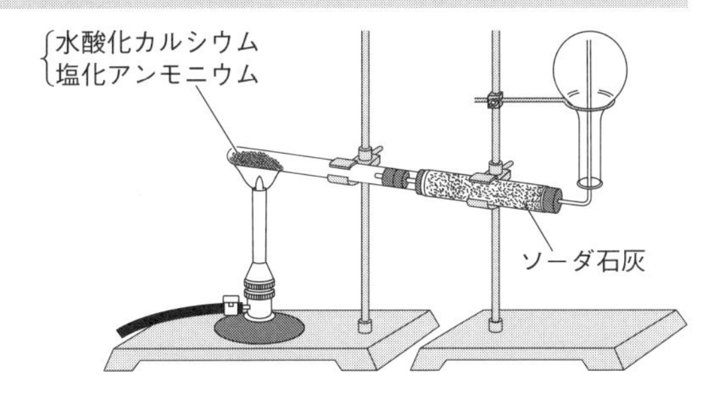

① アンモニアを集めた丸底フラスコ内に，湿らせた赤色リトマス紙を入れると，リトマス紙は青色になった。

② アンモニアを集めた丸底フラスコの口に，濃塩酸をつけたガラス棒を近づけると，白煙が生じた。

③ 水酸化カルシウムの代わりに硫酸カルシウムを用いると，アンモニアがより激しく発生した。

④ ソーダ石灰は，発生した気体から水分を除くために用いている。

⑤ アンモニア発生の反応が終了した後，試験管内には固体が残った。

解説 ① アンモニアは塩基性の気体であるから，赤色リトマス紙は青色へ変化する。

② アンモニアに濃塩酸を近づけると，塩化アンモニウムの白煙が生じる(**最重要 17－2**)。

③ 硫酸カルシウムは塩であり，塩化アンモニウムとは反応しない。よって，誤り。

④ ソーダ石灰はCaOと$NaOH$の混合物であり，塩基性の乾燥剤である(**最重要 16**)。アンモニアは塩基性の気体であるから，乾燥剤としてソーダ石灰は適する。

⑤ 試験管内の反応式は，

$$2NH_4Cl + Ca(OH)_2 \longrightarrow CaCl_2 + 2NH_3 + 2H_2O$$ (**最重要 16**)

よって，反応終了後の試験管内には$CaCl_2$の固体が残る。

答 ③

硝酸とアンモニアの工業的製法では，その名称と反応式，硝酸では量的計算にも着目。

1 HNO_3；オストワルト法 ⇨ アンモニアを酸化して水を作用。

① $4NH_3 + 5O_2 \longrightarrow 4NO + 6H_2O$　触媒；**白金** ← 触媒にも着目。

② $2NO + O_2 \longrightarrow 2NO_2$ ← NOを空気中で酸化。

③ $3NO_2 + H_2O \longrightarrow 2HNO_3 + NO$ ← NOは回収して再利用される。

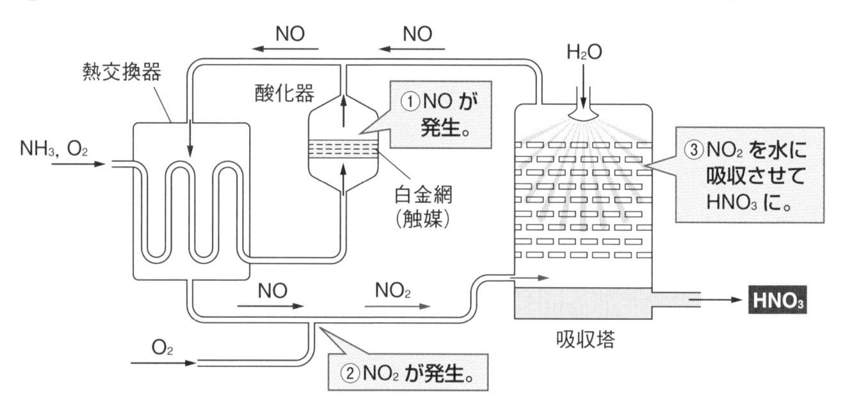

2 NH_3 1 mol から HNO_3 1 mol 生成する。 ← 化学式の係数に着目。

解説 ▶1の式を1つにまとめると，$NH_3 + 2O_2 \longrightarrow HNO_3 + H_2O$

▶上の化学反応式の係数に着目して，$NH_3 \longrightarrow HNO_3$ より，
$NH_3 : HNO_3 = 1\,mol : 1\,mol$ で計算する。

補足 窒素から硝酸を求める場合は，$N_2 \longrightarrow 2HNO_3$ より，$N_2 : HNO_3 = 1mol : 2mol$ で計算する。

← 化学式の係数に着目。

ハーバー法ともいう。

3 NH_3；**ハーバー・ボッシュ法** ⇨ 窒素と水素から合成。

$N_2 + 3H_2 \longrightarrow 2NH_3$　触媒；**鉄が主成分** ← 触媒にも着目。

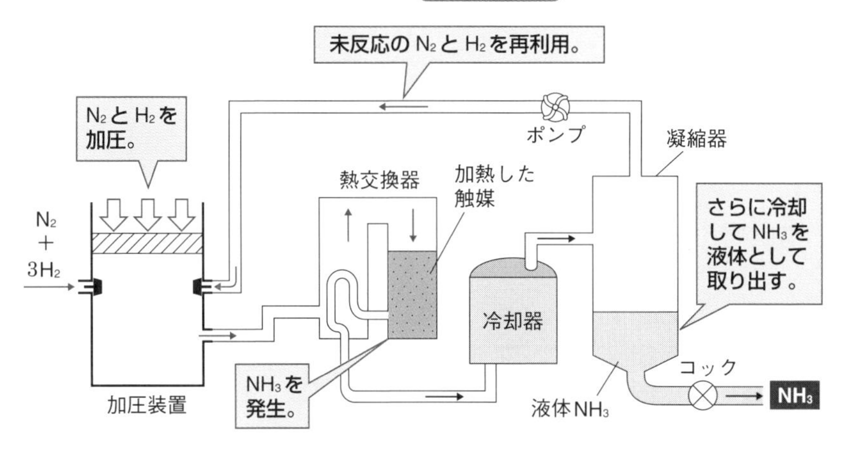

入試問題例　硝酸の製法　自治医大

硝酸の製造法について，次の反応式を参考にしてあとの**ア**～**オ**から正しいものを選べ。

原子量；H = 1.0，N = 14，O = 16

(　　) NH_3 + (　　) $O_2 \longrightarrow$ (　　) NO + (　　) H_2O　…①

$2NO + O_2 \longrightarrow 2NO_2$　…②

$3NO_2 + H_2O \longrightarrow 2HNO_3 + NO$　…③

ア　①式の各係数は，左から順に 2，5，2，3 となる。

イ　①～③の式を 1 つにまとめると　$NH_3 + 2O_2 \longrightarrow HNO_3 + H_2O$　となる。

ウ　理論上，10 kg の 63 % 硝酸をつくるためには，3.4 kg のアンモニアが必要である。

エ　白金を触媒として必要とするのは②式の反応である。

オ　①～③の反応式で，左辺にある化合物の窒素原子はすべて酸化される。

解説　**ア**，**エ**は最重要 18－**1**，**イ**，**ウ**は最重要 18－**2**による。

ア；①式は　$4NH_3 + 5O_2 \longrightarrow 4NO + 6H_2O$

ウ；$NH_3 \longrightarrow HNO_3$ より，NH_3 1 mol (17 g) から HNO_3 1 mol (63 g) 得られる。

よって，$10\,\text{kg} \times \dfrac{63}{100} \times \dfrac{17}{63} = 1.7\,\text{kg}$

エ；白金触媒を必要とするのは①の反応。⇨ ②では，NO は空気中で直ちに NO_2 に変化。

オ；③では，NO_2 が HNO_3 と NO に変化する。NO への変化は還元である。

答　**イ**

硝酸の特性は，強い 酸化作用 にあり，金属との反応がポイント。

1 **銅や銀**を溶かす。⇨ イオン化傾向が水素より小さい金属とも反応。

例 **希硝酸**：$3Cu + 8HNO_3 \longrightarrow 3Cu(NO_3)_2 + 4H_2O + 2NO\uparrow$
濃硝酸：$Cu + 4HNO_3 \longrightarrow Cu(NO_3)_2 + 2H_2O + 2NO_2\uparrow$
} 加熱しなくてよい。⇨濃硫酸とCuの反応は加熱を要する。

塩酸や希硫酸には溶ける。

2 **Al，Fe，Ni** は**濃硝酸**によって **不動態** となる。

解説 Al，Fe，Niを濃硝酸に浸すと，表面にち密な酸化被膜が生じ，反応しなくなる。この状態を**不動態**といい，塩酸や希硫酸とも反応しなくなる。

最重要
20

NOとNO_2の色・水溶性・製法の違いをおさえておくこと。

	一酸化窒素 NO	二酸化窒素 NO_2
色・常温の状態	**無色**の気体	**赤褐色** の気体
水溶性	**溶けにくい**	**よく溶けて，酸性**
製　法	銅と **希硝酸**	銅と **濃硝酸**

補足 ▶NO：空気中で直ちにNO_2に変わる。$2NO + O_2 \longrightarrow 2NO_2$（無色から赤褐色へ。）
▶NO_2：水に溶けて硝酸を生じる。$3NO_2 + H_2O \longrightarrow 2HNO_3 + NO$

例 題　硝酸と金属の反応

金属**A**，**B**は，白金，亜鉛，鉄，銅のいずれかである。
Aは，希硫酸とは反応しなかったが，希硝酸とは気体**C**を発生して溶けた。**B**は，希硫酸と反応して溶けたが，濃硝酸とは反応しなかった。
(1) **A**，**B**はそれぞれどの金属か。
(2) 気体**C**を分子式で示せ。

解説 希硫酸と反応しないのは，イオン化傾向が水素より小さい白金と銅。このうち希硝酸と反応するのは銅である。　$3Cu + 8HNO_3 \longrightarrow 3Cu(NO_3)_2 + 4H_2O + 2NO\uparrow$
希硫酸と反応する亜鉛，鉄のうち，鉄は濃硝酸によって不動態となって反応しない。

答 (1) **A**；銅　**B**；鉄　　(2) NO

最重要 21

リンの単体では黄リンと赤リンの違い，化合物では P_4O_{10} と水との反応がポイント。

1 黄リンと赤リンのおもな性質をまとめると次のようになる。

同素体	黄リン P_4（正四面体分子）	赤リン P_x（網目状）
外観・毒性	淡黄色，ろう状固体，**猛毒**	赤褐色，粉末，毒性少ない
発　火	**自然発火**する ⇨ **水中に保存**	自然発火しない
CS_2 に	**溶ける**	溶けない

補足 黄リン，赤リンどちらとも，燃えると白色の十酸化四リンが生成する。

$$4P + 5O_2 \longrightarrow P_4O_{10}$$

2 P_4O_{10}（十酸化四リン）；**吸湿性が強く**，**乾燥剤**。（← 五酸化二リンともいう。）（← 潮解性）

⇨ **水**と加熱すると **リン酸** H_3PO_4 となる。（← 硝酸・塩酸・硫酸よりは弱い酸。）

$$P_4O_{10} + 6H_2O \longrightarrow 4H_3PO_4$$

3 **リン酸二水素カルシウム** $Ca(H_2PO_4)_2$ は，水に溶け，**リン肥料**に用いる。（← $Ca_3(PO_4)_2$ は水に溶けない。）

入試問題例　リンとその化合物　奈良女子大

リンの単体には黄リンや赤リンがある。黄リンは（　①　）個のリン原子からなる無極性分子で，1つのリン原子は（　②　）個の（　③　）結合を形成し，正四面体の構造をとる。黄リンは極めて毒性が強く，空気中で自然発火するので，（　④　）中に保存する。

一方，赤リンは多数のリン原子が（　⑤　）結合で結ばれた網目状構造をもつ。黄リンと赤リンは互いに（　⑥　）の関係にあり，黄リンや赤リンを空気中で燃焼させると（　⑦　）色の十酸化四リンの粉末が得られる。十酸化四リンと水との反応で生じるリン酸は（　⑧　）価の酸で，水溶液中では硝酸よりも（　⑨　）い酸性を示す。

(1) ①～⑨にあてはまる語句または数値を書け。ただし，同じものを入れてもよい。

(2) 下線部の化学反応式を書け。

解説 (1) 最重要21の確認問題。①～③ 黄リン P_4 は，1つのリン原子が3個の共有結合を形成してできた正四面体分子。⑤ 赤リン P_x は，多数のリン原子が共有結合で結ばれてできた網目状の構造。⑧，⑨ リン酸は3価の酸であり，硝酸や硫酸よりは酸性が弱い。

答 (1) ① **4**　② **3**　③ **共有**　④ **水**　⑤ **共有**　⑥ **同素体**　⑦ **白**　⑧ **3**　⑨ **弱**

(2) $P_4O_{10} + 6H_2O \longrightarrow 4H_3PO_4$

6 炭素・ケイ素とその化合物

最重要 22

C, Si, SiO_2 は共有結合の結晶。
Cはダイヤモンドと黒鉛の違い,
組成式 **Siは構造と半導体がポイント。**

1 **共有結合の結晶は融点が非常に高く,一般に硬い。** ← 黒鉛は例外。

↑ C, Si, SiO_2 が出題される。

解説 共有結合の結晶は,多数の原子が共有結合だけで結びついてできた結晶であるため,融点が非常に高く,一般に硬く,また,水や溶媒に溶けない。

2 **炭素の同素体;ダイヤモンド,黒鉛,**
フラーレン,カーボンナノチューブ。

ともに共有結合の結晶。

	ダイヤモンド	黒鉛(グラファイト)
化学結合	4個の価電子がすべて共有結合。 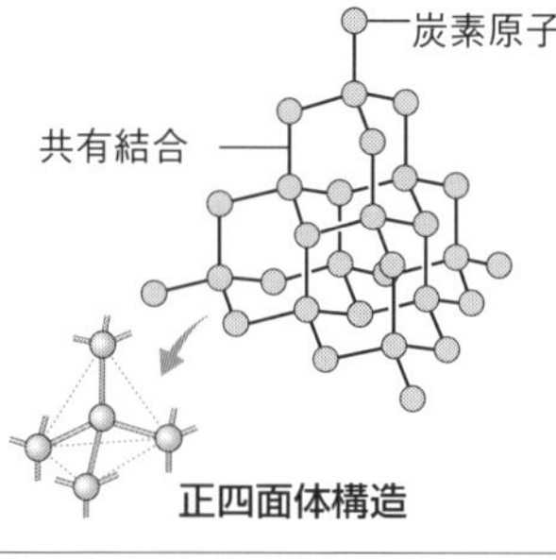 (図:炭素原子,共有結合,正四面体構造)	4個の価電子のうち,3個が共有結合。 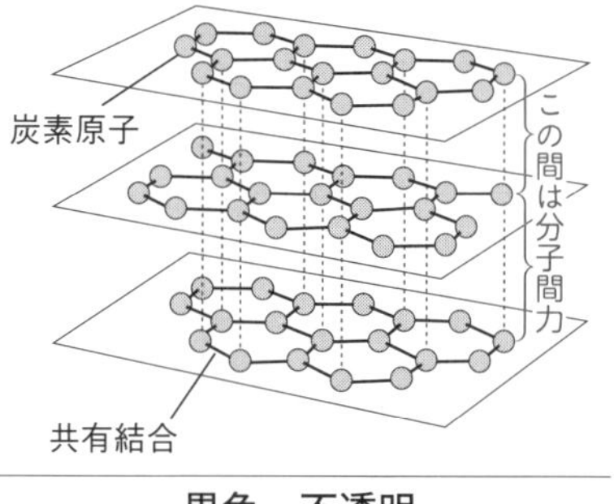 (図:炭素原子,共有結合,この間は分子間力)
状態	無色・透明	黒色・不透明
硬さ	非常に硬い	やわらかい
電気伝導性	なし	あり

これは共有結合の結晶の例外的な性質。

補足 ▶フラーレンはC_{60}, C_{70}などの球状分子。
▶カーボンナノチューブは黒鉛の平面構造が筒状になった構造。
▶燃焼すると,いずれも二酸化炭素となる。$C + O_2 \longrightarrow CO_2$

3 Siの単体は，ダイヤモンドと同じ正四面体構造で，半導体。

補足 ▶ダイヤモンドよりやわらかく，やや電気伝導性がある。
▶Siは岩石・鉱物の成分で，地殻中に酸素に次いで多量に含まれる。
（約28%）

入試問題例 炭素の同素体とケイ素 東邦大改

炭素の同素体とケイ素に関する記述として正しいものをすべて選べ。

① ダイヤモンドは共有結合の結晶であるが，黒鉛は金属結合の結晶である。
② ケイ素は，ダイヤモンドと同様の結晶構造をもつ。
③ フラーレン(C_{60})は球状の分子である。
④ 結晶内のある原子に最も近接している原子の個数は，黒鉛のほうがダイヤモンドよりも1つ少ない。
⑤ 黒鉛が電気の良導体であるのは，炭素原子の価電子数に関して，黒鉛のほうがダイヤモンドよりも共有結合に使われる価電子が1つ多いためである。

解説 最重要22の確認問題。
① 黒鉛も共有結合の結晶。平面層状構造であり，平面間は分子間力で結合している。
② ケイ素はダイヤモンドと同じ正四面体構造である。
③ フラーレンC_{60}はサッカーボールのような球状分子である。
④ 最も近接している原子が共有結合する。共有結合している原子は，ダイヤモンドは4個，黒鉛は3個である。
⑤ 炭素の価電子数4個のうち，黒鉛は3個が共有結合に使われている。

答 ②，③，④

COとCO₂の5つの相違点をおさえること。

	一酸化炭素 CO	二酸化炭素 CO_2
毒　性	有　毒	無　毒
可燃性	燃える $2CO + O_2 \longrightarrow 2CO_2$	燃えない
還元性	還元性あり	還元性なし
水溶性	溶けにくい	溶けて弱い酸性 ←― 酸性酸化物 $CO_2 + H_2O \rightleftarrows H^+ + HCO_3^-$
石灰水	反応しない	白濁する ←― 中和反応

解説 石灰水にCO_2を吹き込むと白濁する。⇨ $Ca(OH)_2 + CO_2 \longrightarrow CaCO_3\downarrow + H_2O$
さらに吹き込むと白濁は消える。⇨ $CaCO_3 + CO_2 + H_2O \longrightarrow Ca(HCO_3)_2$

補足 **非金属の酸化物＝酸性酸化物**；水に溶けて酸性を示し，塩基と中和する。
⇨ COは例外；非金属の酸化物であるが，酸性酸化物ではない。
（例外はCOとNO。）

ケイ素の化合物・反応では次の経路をおさえる。 SiO_2 ⟶ ケイ酸ナトリウム ⟶ 水ガラス ⟶ ケイ酸 ⟶ シリカゲル

1 SiO_2を$NaOH$やNa_2CO_3と**加熱**すると **ケイ酸ナトリウム** が生成。

⇨ $SiO_2 + 2NaOH \longrightarrow Na_2SiO_3 + H_2O$

ケイ酸ナトリウムと水を加熱すると **水ガラス** ができる。
（水ガラス：無色透明で粘性の大きな液体）

補足 SiO_2；石英，水晶，ケイ砂などの成分。⇨ フッ化水素酸に溶ける（⇨ p.15）。

2 **水ガラスに塩酸**を加えると **ケイ酸** が生じ，さらに**加熱脱水**すると **シリカゲル** が生成。
（ケイ酸：ゼラチン状の白色沈殿 $SiO_2 \cdot nH_2O$）
（シリカゲル：乾燥剤・吸着剤）

入試問題例　ケイ素とその化合物　弘前大

ケイ素は周期表(　①　)族に属する典型元素で価電子を(　②　)個もっている。単体は天然には存在しないが，ケイ素の単体は，多数の原子が(　③　)結合で結ばれた，A ダイヤモンドの炭素の結合構造と同じ三次元構造をしていて，融点も高い。

二酸化ケイ素は(　④　)，水晶，ケイ砂などの成分としてほぼ純粋な形で天然に存在する。また，B 二酸化ケイ素は，水酸化ナトリウムと反応してケイ酸ナトリウムになる。ケイ酸ナトリウムに水を加えて加熱すると，粘性の大きな(　⑤　)ができる。

(　⑤　)の水溶液に塩酸を加えると(　⑥　)が沈殿する。この沈殿を水で洗ったのち，乾燥させたものを(　⑦　)という。

(1) ①～⑦にあてはまる語句または数値を書け。
(2) 下線部 **A** の構造とはどのような構造か。その基本となる立体の名称を示せ。
(3) 下線部 **B** を化学反応式で示せ。

解説　(1) ①，② ケイ素は周期表14族に属し，価電子を4個もっている。
③ ケイ素や二酸化ケイ素は共有結合の結晶である(最重要22)。
④，⑤ 最重要24－1参照
⑥，⑦ 最重要24－2参照
(2) ケイ素の単体は，ダイヤモンドと同じ正四面体構造である(最重要22－3)。
(3) 最重要24－1参照

答　(1) ① **14**　② **4**　③ **共有**　④ **石英**　⑤ **水ガラス**　⑥ **ケイ酸**　⑦ **シリカゲル**
(2) **正四面体**
(3) $SiO_2 + 2NaOH \longrightarrow Na_2SiO_3 + H_2O$

7 気体の性質

◇ここでは次の気体についての性質を扱う(有機化合物の気体は除く)。

H_2, O_2, O_3, N_2, Cl_2(単体), CO, CO_2, NO, NO_2, SO_2(酸化物), NH_3, HCl, H_2S(水素化合物)

気体の**色**，**におい**，**水溶性**，**水溶液の性質**を確実におさえる。

(水溶液の性質 ← 酸性・塩基性)

1 **黄緑色**の気体 ⇨ Cl_2，　**赤褐色**の気体 ⇨ NO_2

補足
- ▶ O_3は淡青色，F_2は淡黄色であるが，無色に近い。
- ▶ Br_2は液体であるが，蒸発しやすく，蒸気は赤褐色。
- ▶ I_2は黒紫色の固体で，加熱すると赤紫色の気体となる。(← 昇華)
- ▶ 無色の気体NOは，空気中で直ちに赤褐色の気体NO_2となる。

2 **腐卵臭**の気体 ⇨ H_2S，　**特異臭** ⇨ O_3

刺激臭 ⇨ Cl_2，NO_2，SO_2，NH_3，HCl

補足　無臭(無色)の気体 ⇨ H_2，O_2，N_2，CO，CO_2，その他貴ガス

3 水に非常に溶けやすい気体 ⇨ NH_3，HCl，つづいてNO_2

補足
- ▶ **水に比較的溶ける気体** ⇨ Cl_2，CO_2，SO_2，H_2S ← 単体はCl_2のみ。
- ▶ **水に溶けにくい気体** ⇨ H_2，O_2，N_2，CO，NO，(O_3)，その他貴ガス (O_3 ← 分解しやすい。)

4 水に溶けて **塩基性** ⇨ NH_3のみ

補足　他の水に可溶な気体は，水に溶けて酸性。(← Cl_2はリトマス紙を漂白する。)

次のような**特性を示す気体**を確実におさえる。

1 石灰水を **白濁** ⇨ CO_2

解説 石灰水に CO_2 を通じると $Ca(OH)_2 + CO_2 \longrightarrow CaCO_3\downarrow + H_2O$
CO_2 を過剰に通じると $CaCO_3 + CO_2 + H_2O \longrightarrow Ca(HCO_3)_2$
沈殿がなくなる。

p.36

2 **白煙** が生成 ⇨ $NH_3 + HCl \longrightarrow NH_4Cl$（白煙；固体）

解説
- **濃塩酸**をつけたガラス棒を近づけると「**白煙が生じた**」⇨ NH_3
- **濃アンモニア水**をつけたガラス棒を近づけると「**白煙が生じた**」⇨ HCl

3 ヨウ化カリウムデンプン紙が **青色** ⇨ Cl_2，O_3

解説 $2KI + Cl_2 \longrightarrow 2KCl + \underline{\underline{I_2}}$
$2KI + O_3 + H_2O \longrightarrow 2KOH + O_2 + \underline{\underline{I_2}}$

＋デンプン ⇨ 青色

ヨウ素デンプン反応

4 酢酸鉛や硫酸銅（Ⅱ）の水溶液に通じると **黒色沈殿** ⇨ H_2S

解説 $Pb^{2+} + S^{2-} \longrightarrow PbS\downarrow$（黒色）
$Cu^{2+} + S^{2-} \longrightarrow CuS\downarrow$（黒色）

5 **漂白作用** を示す ⇨
- Cl_2，O_3；酸化作用
- SO_2；還元作用

補足 H_2 と CO は還元作用を示すが，漂白作用は示さない。

6 空気中で**放電・紫外線**の照射 ⇨ O_3 **が生成**

解説
- ▶ $3O_2 \longrightarrow 2O_3$ のように変化。
- ▶ オゾンは紫外線を吸収する。⇨ オゾン層が太陽からの紫外線を吸収するはたらきをしている。

最重要 27

気体の**重い・軽い**は**分子量の大小**

⇨ 空気の平均分子量が基準

空気の平均分子量は29。 ← 風がフ(2)ク(9)(吹く)と覚える。

例
- **空気より軽い気体**；H_2，He，Ne，NH_3，CH_4
  - ↖ 分子量が29より小さい。
- **空気より重い気体**；Ar，Cl_2，SO_2，H_2S，NO_2，CO_2
  - ↖ 分子量が29より大きい。

補足 空気は物質量比がN_2：O_2＝4：1の混合気体である。
分子量がそれぞれN_2＝28，O_2＝32より，空気の平均分子量を求める式は次のようになる。

$$M = 28 \times \frac{4}{4+1} + 32 \times \frac{1}{4+1} = 28.8 \fallingdotseq 29$$

入試問題例　気体の性質　　お茶の水女子大

H_2，He，Cl_2，NO_2，CO_2，Ne，NH_3，HCl，CH_4は常温・常圧で気体である。これらの気体について，以下の問いに答えよ。答えは1つとは限らない。
原子量；H＝1.0，He＝4.0，C＝12，N＝14，O＝16，Ne＝20，Cl＝35.5
(1) 空気よりも軽いものを挙げ，その判断理由を記せ。
(2) 色がついているものはどれか。
(3) 水に非常に溶けるものを2つ挙げよ。
(4) 2種類の気体を混合すると白色固体を生じるものは，何と何か。

解説 (1) 分子量が，空気の平均分子量29より小さいものを選ぶ(最重要27)。
(2) 黄緑色のCl_2と赤褐色のNO_2である(最重要25－**1**)。
(3) 水に非常に溶ける気体といえばNH_3とHClである(最重要25－**3**)。
(4) NH_3 + HCl ⟶ NH_4Cl (固体)の反応による(最重要26－**2**)。
↖ 白煙となる。

答 (1) H_2，He，Ne，NH_3，CH_4
(理由)**分子量が空気の平均分子量29より小さいから。**
(2) Cl_2，NO_2
(3) NH_3，HCl
(4) NH_3とHCl

入試問題例　気体の性質　日本大

空欄にあてはまる最も適当な答えを以下の**ア**～**ク**から選べ。

下記①～③の記述にあてはまる物質**A**，**B**，**C**の組み合わせで，正しいのは[　　　]である。

① いずれも常温・常圧で気体であり，水に溶けて酸性を示す。

② **A**および**B**はともに水にぬらした花びらを漂白するが，**A**のみが湿らせたヨウ化カリウムデンプン紙を青変させる。

③ **C**は腐卵臭をもち，これを溶かした水に**B**を通すと白濁する。

ア　**A**…SO_2，**B**…H_2S，**C**…Cl_2　　**イ**　**A**…SO_2，**B**…Cl_2，**C**…H_2S

ウ　**A**…Cl_2，**B**…SO_2，**C**…H_2S　　**エ**　**A**…Cl_2，**B**…H_2S，**C**…SO_2

オ　**A**…O_3，**B**…SO_2，**C**…H_2S　　**カ**　**A**…O_3，**B**…Cl_2，**C**…SO_2

キ　**A**…NO，**B**…SO_2，**C**…H_2S　　**ク**　**A**…NO，**B**…H_2S，**C**…SO_2

解説　① 水に溶けやすい気体のうち，NH_3以外は酸性を示す(最重要25－4)。よって，水に溶けにくいO_3，NOが含まれている**オ**～**ク**は不適。

② 漂白作用があるのはCl_2，O_3，SO_2(最重要26－5)。このうち，湿らせたヨウ化カリウムデンプン紙を青変させるのはCl_2，O_3(最重要26－3)だから，**A**がCl_2。よって，**ア**，**イ**も不適。

③ 腐卵臭をもつのはH_2S(最重要25－2)なので，**C**はH_2S。また，H_2SとSO_2が反応すると，硫黄Sの沈殿が生じるので白濁する。よって，あてはまるのは**ウ**。

答　**ウ**

8 気体の発生

気体の実験室での製法の化学反応式は覚えておくこと。

（製法の化学反応式を書かせる出題は多い。）

H_2

$Zn + H_2SO_4 \longrightarrow ZnSO_4 + H_2\uparrow$

- H_2SO_4：希硫酸または塩酸
- Zn：水素よりイオン化傾向の大きい金属

O_2

$2H_2O_2 \longrightarrow 2H_2O + O_2\uparrow$（触媒；$MnO_2$）

N_2

$NH_4NO_2 \longrightarrow 2H_2O + N_2$（加熱）

Cl_2

▶ $MnO_2 + 4HCl \longrightarrow MnCl_2 + 2H_2O + Cl_2\uparrow$（加熱）

- HCl：濃塩酸

▶ $CaCl(ClO)\cdot H_2O + 2HCl \longrightarrow CaCl_2 + 2H_2O + Cl_2\uparrow$

- $CaCl(ClO)\cdot H_2O$：さらし粉

▶ $Ca(ClO)_2\cdot 2H_2O + 4HCl \longrightarrow CaCl_2 + 4H_2O + 2Cl_2\uparrow$

- $Ca(ClO)_2\cdot 2H_2O$：高度さらし粉

HCl

$NaCl + H_2SO_4 \longrightarrow NaHSO_4 + HCl\uparrow$（加熱）

- H_2SO_4：濃硫酸（不揮発性）

HF

$CaF_2 + H_2SO_4 \longrightarrow CaSO_4 + 2HF\uparrow$（加熱）

- H_2SO_4：濃硫酸（不揮発性）

SO_2

▶ $Cu + 2H_2SO_4 \longrightarrow CuSO_4 + 2H_2O + SO_2\uparrow$（加熱）

- H_2SO_4：濃硫酸（酸化作用）

▶ $2NaHSO_3 + H_2SO_4 \longrightarrow Na_2SO_4 + 2H_2O + 2SO_2\uparrow$

- H_2SO_4：希硫酸または塩酸

H_2S

$FeS + H_2SO_4 \longrightarrow FeSO_4 + H_2S\uparrow$

- H_2SO_4：希硫酸または塩酸

NO_2 $Cu + 4HNO_3 \longrightarrow Cu(NO_3)_2 + 2H_2O + 2NO_2 \uparrow$

(Cu ← Agでも可　HNO_3 ← 濃硝酸)

NO $3Cu + 8HNO_3 \longrightarrow 3Cu(NO_3)_2 + 4H_2O + 2NO \uparrow$

(HNO_3 ← 希硝酸)

NH_3 $2NH_4Cl + Ca(OH)_2 \longrightarrow CaCl_2 + 2H_2O + 2NH_3 \uparrow$（加熱）

CO_2 $CaCO_3 + 2HCl \longrightarrow CaCl_2 + H_2O + CO_2 \uparrow$

CO $HCOOH \longrightarrow H_2O + CO \uparrow$（濃硫酸と加熱）

(HCOOH ← ギ酸)

最重要 29 気体の次の3つの発生のしかたをおさえておくこと。

1 **固体と液体**から**加熱しないで**発生 ⇨ ふたまた試験管，三角フラスコおよびろうと管，キップの装置(⇨ p.105)

気体を多くとる場合。（→ 三角フラスコおよびろうと管／丸底フラスコおよびろうと管）

2 **固体と液体**から**加熱**して発生 ⇨ 試験管で加熱する，丸底フラスコおよびろうと管

3 **固体混合物**から**加熱**して発生 ⇨ 乾いた試験管 ← 底部を高くする。

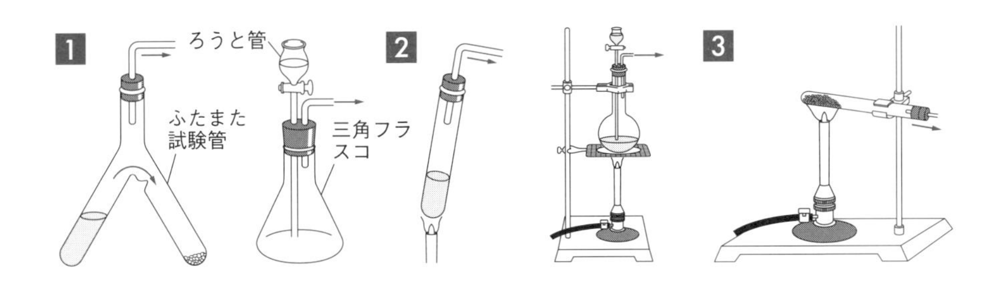

最重要 30 気体とその捕集法も重要 ⇨ 気体の水への溶解性と重さに着目。

1 水に溶けにくい気体 ⇨ **水上置換**

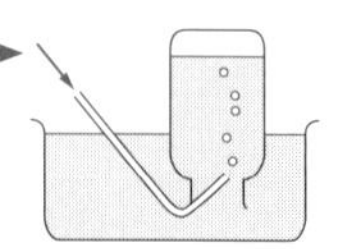

〔対象〕H_2, O_2, N_2, NO, CO, その他 CH_4 などの有機化合物

2 水に溶ける気体で, 空気より軽い ⇨ 上方置換

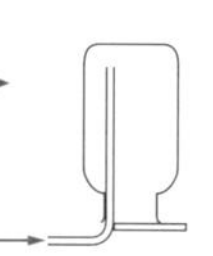

〔対象〕分子量が29より小さい気体；NH_3

3 水に溶ける気体で, 空気より重い ⇨ 下方置換

〔対象〕分子量が29より大きい気体；Cl_2, HCl, SO_2, H_2S, NO_2, CO_2

最重要 31 気体の乾燥剤では次の適・不適を確実におさえる。

1 おもな気体の乾燥剤；塩化カルシウム, 濃硫酸, 十酸化四リン, ソーダ石灰 ← NaOHとCaOの混合物。

2 NH_3の乾燥剤 ⇨ ソーダ石灰またはCaO ← 塩基性の乾燥剤。

解説 濃硫酸と十酸化四リンは酸性の乾燥剤であり, NH_3と中和反応するため不適当。
塩化カルシウムはNH_3と反応して$CaCl_2 \cdot 8NH_3$となるため不適当。

3 酸性の気体の乾燥剤 ⇨ 塩化カルシウム, 十酸化四リン, 濃硫酸

解説
- ▶酸性の気体CO_2, HCl, Cl_2, H_2S, SO_2
- ▶ソーダ石灰またはCaOは酸性の気体の乾燥剤として不適当。
- ▶H_2Sは還元性があるため, **濃硫酸は不適**。← 熱濃硫酸は酸化作用を示す。

補足 H_2, O_2, N_2などは, どの乾燥剤でもよい。

入試問題例　気体の性質と製法

同志社大

次の**ア**～**ク**の気体に関して，以下の問いに答えよ。

ア　酸素　　**イ**　アンモニア　　**ウ**　硫化水素　　**エ**　一酸化炭素
オ　二酸化炭素　　**カ**　二酸化窒素　　**キ**　塩素　　**ク**　水素

(1) 次の①～④の性質を有する気体を上の**ア**～**ク**からすべて選べ。
　① 水に溶けて酸性を示す。　② 有色の気体である。
　③ 無色無臭である。　④ 刺激臭あるいは腐卵臭がある。

(2) 次の物質群から，２種類の物質を用いて**ア**～**ク**の気体を得たい。**ア**～**ク**のそれぞれの気体について，物質を２種類ずつ選べ。ただし，同じ物質を何度選んでもよい。
　銅　鉄　金　硫黄　窒素　ギ酸　希塩酸　濃硝酸　濃硫酸
　硫化鉄(Ⅱ)　さらし粉　過酸化水素水　水酸化カルシウム　酸化マンガン(Ⅳ)
　塩化アンモニウム　炭酸カルシウム

解説　(1) ① 最重要25－3，4参照
　② 二酸化窒素は赤褐色，塩素は黄緑色の気体である(最重要25－1)。
　③，④ 最重要25－2参照
(2) 最重要28に登場する化学反応式は覚えておこう。

答　(1) ① **ウ，オ，カ，キ**　② **カ，キ**　③ **ア，エ，オ，ク**　④ **イ，ウ，カ，キ**
(2) **ア；過酸化水素水，酸化マンガン(Ⅳ)**
イ；塩化アンモニウム，水酸化カルシウム
ウ；硫化鉄(Ⅱ)，希塩酸
エ；ギ酸，濃硫酸
オ；炭酸カルシウム，希塩酸
カ；銅，濃硝酸
キ；さらし粉，希塩酸
ク；鉄，希塩酸

入試問題例　気体の捕集方法

自治医大

次の反応で発生する気体を捕集する際，(　　)内の方法が適したものをすべて答えよ。

ア　銀に濃硝酸を反応させる。(水上置換)
イ　過酸化水素水に少量の酸化マンガン(Ⅳ)を加える。(上方置換)
ウ　銅に濃硫酸を加えて加熱する。(水上置換)
エ　塩化アンモニウムと水酸化カルシウムの混合物を加熱する。(上方置換)
オ　塩化ナトリウムに濃硫酸を加えて加熱する。(下方置換)

解説 発生する気体は最重要28，捕集方法は最重要30を確認すること。

ア；発生する気体はNO_2。NO_2は水に溶けやすく，空気より重いので，下方置換。

イ；発生する気体はO_2。O_2は水に溶けにくいので，水上置換。

ウ；発生する気体はSO_2。SO_2は水に溶けやすく，空気より重いので，下方置換。

エ；発生する気体はNH_3。NH_3は水に溶けやすく，空気より軽いので，上方置換。

オ；発生する気体はHCl。HClは水に溶けやすく，空気より重いので，下方置換。

答 エ，オ

入試問題例 非金属元素の総合問題

日本大改

次の①～⑧を読んで，**a**～**d**に相当する元素の元素記号を答えよ。

① **a**の酸化物は還元性があり，これを水に溶かすと酸性を示す。

② **a**の水素化合物は無色で，空気より重い気体で有毒である。

③ **b**の単体には同素体があり，空気中で自然発火するものがある。

④ **b**の酸化物は白色の結晶で，吸湿性が強く，強力な乾燥剤に用いられる。

⑤ **c**の二酸化物は赤褐色の有毒な気体で，水に溶かすと強酸を生じる。

⑥ **c**の水素化合物は刺激臭のある気体で，水に溶かすと弱い塩基性を示す。

⑦ **d**は天然に二酸化物として存在し，**d**を中心に正四面体構造の巨大分子をつくる。

⑧ **d**の二酸化物を水酸化ナトリウムとともに加熱して得られる物質に，水を加えて加熱すると，粘性の大きい無色透明な液体が得られる。

解説 ①，② SO_2は還元性があり（最重要13－❶），水溶液は酸性（最重要25－❸，❹）。H_2Sは空気より重く（最重要27），有毒。

③，④ 黄リンは自然発火する（最重要21－❶）。P_4O_{10}は，白色の結晶で吸湿性が強く，乾燥剤として利用される（最重要21－❷）。

⑤，⑥ NO_2は赤褐色の気体で，水に溶かすとHNO_3を生じ，NH_3は塩基性（最重要20，25）。

⑦，⑧ SiO_2はSi原子を中心にした正四面体構造の共有結合の結晶。NaOHと加熱するとNa_2SiO_3となり，水を加えて加熱すると水ガラスとなる（最重要24－❶）。

答 **a**；S　**b**；P　**c**；N　**d**；Si

9 アルカリ金属とその化合物

最重要 32 アルカリ金属について，次の 3 点をおさえる。

解説 **アルカリ金属**　1 族元素：Li，Na，K，Rb，Cs，Fr
（Na と K が重要。）

1 単体は，**密度が小さく，やわらかい**。

解説 Li，Na，K の単体の密度は 1 g/cm^3 以下。← 水に浮かぶ金属はこの 3 つだけ。

補足 Li，Na，K の単体は，竹製のナイフで切ることができる。

2 単体は，空気中で **直ちに酸化** され，常温の**水と激しく反応**する。

⇨ Li，Na，K の単体は，**石油中に保存** する。

解説 ▶アルカリ金属は，イオン化エネルギーが小さく，1 価の陽イオンになりやすい。
▶Na，K の単体は，空気中で銀白色の光沢をすぐ失う。← Na_2O などが生成。
▶常温の水と反応して水素を発生し，強塩基の水溶液となる。
例 $2Na + 2H_2O \longrightarrow 2NaOH + H_2 \uparrow$

3 単体・化合物は，**特有の色の** **炎色反応** を示す。

解説 炎色反応の色 ⇨ Li；赤色，Na；黄色，K；赤紫色 ← アルカリ金属の検出は炎色反応による。

入試問題例 **アルカリ金属の性質**　センター試験

次の下線部①～⑤のうち，誤っているのはどれか。

①石油中からナトリウムを取り出し，②ろ紙上で竹製のナイフで切ると，③切り口は銀白色の光沢を示すが，すぐ光沢が失われる。ナトリウムの小片を，フェノールフタレインを滴下した水に入れると，④ナトリウムの小片は水底で，激しく気泡を発生し，⑤赤色の水溶液になる。

解説 最重要32の確認問題。

① Naの単体は石油中に保存する。

② Naの単体はやわらかく，竹製のナイフで切ることができる。

③ Naの単体は空気中で直ちに酸化されて光沢を失う。

④ Naの単体は，密度が水より小さく，水に浮かんで，激しく反応する。

⑤ 水との反応でH_2と$NaOH$が生じ，フェノールフタレインを赤色にする。

答 ④

Na_2CO_3の製法では，その反応式とともにその製法名も覚えておく。

〔製法名〕**アンモニアソーダ法**または**ソルベー法**

（ソルベー法 ← 人名の製法はハーバー・ボッシュ，オストワルトとこれの３つ。）

① 飽和食塩水にアンモニアと二酸化炭素を十分吹き込むと，**$NaHCO_3$が沈殿**。

⇨ $NaCl + NH_3 + CO_2 + H_2O \longrightarrow NaHCO_3\downarrow + NH_4Cl$ …(A)

補足 ①で生成したNH_4Clは再びNH_3にして用いる。←⑤を参照。

② $NaHCO_3$を加熱すると，**Na_2CO_3が生成**。CO_2を原料として回収。

⇨ $2NaHCO_3 \longrightarrow Na_2CO_3 + H_2O + CO_2\uparrow$ ……………………(B)

③ 原料のCO_2の一部は，$CaCO_3$を熱分解してつくられる。

⇨ $CaCO_3 \longrightarrow CaO + CO_2$ ……………………………………(C)

④ ③で生成したCaOと水から$Ca(OH)_2$を合成する。

⇨ $CaO + H_2O \longrightarrow Ca(OH)_2$ ………………………………(D)

⑤ ④で生成した$Ca(OH)_2$と①で生成したNH_4Clを反応させる。発生したアンモニアを原料として回収する。

⇨ $Ca(OH)_2 + 2NH_4Cl \longrightarrow CaCl_2 + 2H_2O + 2NH_3\uparrow$ ……(E)

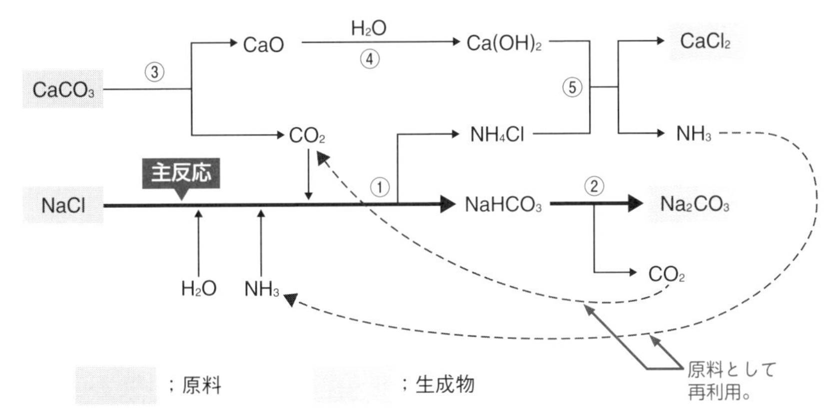

補足 (**A**)～(**E**)の化学反応式から中間生成物($NaHCO_3$, CaO, $Ca(OH)_2$)を消去して1つにまとめると，次のようになる。

←(**A**)×2＋(**B**)＋(**C**)＋(**D**)＋(**E**)

$$2NaCl + CaCO_3 \longrightarrow Na_2CO_3 + CaCl_2$$

入試問題例　アンモニアソーダ法　富山大

次の文章を読んで，以下の問いに答えよ。

炭酸ナトリウムは，工業的には次の反応式で表される(　**あ**　)法によって製造される。

$$2NaCl + CaCO_3 \longrightarrow Na_2CO_3 + CaCl_2 \quad \cdots ①$$

(　**あ**　)法はおもに5つの反応から成り立っており，このうち，4つの反応は以下のとおりである。すなわち，**a**塩化ナトリウム飽和水溶液に(　**A**　)および(　**B**　)を反応させ，中間体である(　**C**　)と塩化アンモニウムを得る。続いて**b**得られた(　**C**　)を熱分解し，炭酸ナトリウムと(　**B**　)を得る。ここで，下線部**a**で用いる(　**B**　)は，**c**炭酸カルシウムの熱分解および下線部**b**の反応から得られる生成物を利用する。また，(　**A**　)は，**d**塩化アンモニウムと水酸化カルシウムとの反応により，回収して再利用される。このように，(　**あ**　)法において原料に用いられる化合物は，塩化ナトリウム，炭酸カルシウム，(　**A**　)および水であるが，(　**A**　)と水は反応式①に現れない。

(1) (　**あ**　)にあてはまる炭酸ナトリウムの工業的製法の名称を記せ。

(2) 下線部**a**～**d**の反応はそれぞれ以下の反応式で表される。

a　$NaCl + \boxed{A} + \boxed{B} + H_2O \longrightarrow \boxed{C} + NH_4Cl$

b　$2\boxed{C} \longrightarrow Na_2CO_3 + \boxed{B} + H_2O$

c　$CaCO_3 \longrightarrow CaO + \boxed{B}$

d　$2NH_4Cl + Ca(OH)_2 \longrightarrow 2\boxed{A} + CaCl_2 + 2H_2O$

以上の式の $\boxed{A}$ ～ $\boxed{C}$ に最も適した化学式を記せ。

(3) 反応式①が成り立つためには反応**a**～**d**の他にもう1つの反応が必要である。その反応式を記せ。

解説 最重要33をおさえておけば答えられる。

(3) **a**～**d**の反応式と，CaOに水を加えて$Ca(OH)_2$が生成する反応式から中間生成物を消去していくと，反応式①になる。 $NaHCO_3$，CaO，$Ca(OH)_2$

答 (1) **アンモニアソーダ(ソルベー)**

(2) **A**：NH_3　**B**：CO_2　**C**：$NaHCO_3$

(3) $CaO + H_2O \longrightarrow Ca(OH)_2$

最重要34 Na，Kの**化合物の性質**は，次の**3点**が重要。

1 Na_2CO_3と$NaHCO_3$の共通点と相違点

（Na_2CO_3：炭酸ナトリウム　$NaHCO_3$：炭酸水素ナトリウム）

〔**共通点**〕

白色の粉末，**強酸を加えるとCO₂を発生**する。（炭酸塩に強酸を加えるとCO₂を発生。）

例 $Na_2CO_3 + 2HCl \longrightarrow 2NaCl + H_2O + CO_2\uparrow$

$NaHCO_3 + HCl \longrightarrow NaCl + H_2O + CO_2\uparrow$

〔**相違点**〕

	Na_2CO_3	$NaHCO_3$
水溶性	**よく溶ける**	**少し溶ける**
水溶液	塩基性	弱い塩基性
加　熱	変化しない	**容易に分解**

（少し溶ける ← 他のNa化合物は水によく溶ける。）
（塩基性・弱い塩基性 ← 加水分解による。）
（容易に分解 ← 最重要33②の反応式。）

補足 水溶液にフェノールフタレインを加えると，Na_2CO_3は赤色，$NaHCO_3$は桃色。

2 $Na_2CO_3\cdot10H_2O$は**風解性** ⇨ **無色の結晶**であるが，空気中に放置すると水和水を失って，**白色粉末**の$Na_2CO_3\cdot H_2O$となる。

（$Na_2CO_3\cdot10H_2O$：炭酸ナトリウム十水和物）

3 NaOH，KOHは**強塩基**で**潮解性**。

（← $MgCl_2$，$CaCl_2$も示す。）

解説 **潮解性** ⇨ 空気中で水分を吸収して溶ける現象。

例題　Na，Kの化合物の性質

次の化合物のうち，(1)～(3)にあてはまるものを選べ。

ア　$NaHCO_3$　　イ　$NaOH$　　ウ　$Na_2CO_3 \cdot 10H_2O$
エ　KOH　　オ　Na_2CO_3

(1) 無色の結晶であるが，空気中に放置すると，白色の粉末になる。
(2) 試験管中で加熱すると，二酸化炭素が発生する。
(3) 空気中に放置するとべとべとになり，また，炎色反応は赤紫色である。

解説 (1) $Na_2CO_3 \cdot 10H_2O$ は無色の結晶で，風解して $Na_2CO_3 \cdot H_2O$ の白色粉末になる。
(2) $NaHCO_3$ は加熱で容易に分解し，CO_2 を発生して Na_2CO_3 となる。（試験管で加熱。）
(3) $NaOH$ と KOH は潮解するが，炎色反応が赤紫色はKの化合物。

答 (1) ウ　(2) ア　(3) エ

入試問題例　Na_2CO_3 と $NaHCO_3$　　東京薬大改

炭酸塩および炭酸水素塩に関する次の記述のうち，正しいものを１つ選べ。

① 炭酸ナトリウムを強く熱すると二酸化炭素が発生し，酸化ナトリウムが生じる。
② 炭酸水素ナトリウムの水溶液は弱酸性を示す。
③ 炭酸水素ナトリウムを熱すると二酸化炭素が発生し，炭酸ナトリウムが生じる。
④ 炭酸水素ナトリウムに希塩酸を加えると水素が発生する。

解説 最重要34の確認問題。
①，③ 加熱によって Na_2CO_3 は分解しにくいが，$NaHCO_3$ は容易に分解して CO_2 を発生して Na_2CO_3 となる。
② $NaHCO_3$ の水溶液は弱塩基性を示す。（加水分解で。）
④ CO_2 が発生する。⇨ $NaHCO_3 + HCl \longrightarrow NaCl + H_2O + CO_2\uparrow$

答 ③

10 アルカリ土類金属とその化合物

アルカリ土類金属について，次の 2 点をおさえる。

解説 **アルカリ土類金属**　2 族元素：Be，Mg，Ca，Sr，Ba，Ra

1 **2 族元素の共通点 ⇨ 価電子が 2 個**で，**2 価の陽イオン**になりやすい。

補足 反応性の大きい金属であり，天然には単体として存在しない。
← アルカリ金属よりはやや劣る。

2 **Mg と Ca，Ba との相違点**

単　体	Mg ⇨ 熱水と反応する	Ca，Ba ⇨ 常温の水と反応する
化合物の水溶性	$Mg(OH)_2$ ⇨ 溶けにくい	$Ca(OH)_2$ ⇨ 少し溶ける $Ba(OH)_2$ ⇨ 溶ける　} 強塩基
	$MgSO_4$ ⇨ 溶ける	$CaSO_4$ $BaSO_4$ } ⇨ 溶けない
炎色反応	示さない	**特有の色**を示す

解説 $Mg + 2H_2O \longrightarrow Mg(OH)_2 + H_2\uparrow$　　$Ca + 2H_2O \longrightarrow Ca(OH)_2 + H_2\uparrow$

補足 ▶単体を空気中で強熱するといずれも燃えるが，Mg は明るい光を出して燃える。
▶塩化物，硝酸塩はいずれも水に溶ける。

例 題　**Mg，Ca，Ba の比較**

次の記述①～④のうち，正しいものはどれか。
① Mg，Ca，Ba は，1 価の陽イオンになりやすい。
② Mg，Ca，Ba の硫酸塩は，いずれも水に溶けにくい。
③ Mg，Ca，Ba の塩化物は，いずれも水に溶けやすい。
④ Mg，Ca，Ba は，いずれも有色の炎色反応を示す。

解説 ① 2 族元素は 2 価の陽イオンになりやすい。
② Mg の硫酸塩は，水に溶けやすい。
③ 塩化物は，いずれも水に溶けやすい。
④ Mg は炎色反応を示さない。

答 ③

最重要 36

次の**炎色反応の色**は覚えておく。

Li；赤	Na；黄	K；紫	Cu；緑	Ca；橙	Sr；紅	Ba；緑
リアカー	ナ(無)キ	Kムラ(村)	ドウリョク(動力)	カル(借る)トウ	スルモクレナイ	バリョク(馬力)

解説 ▶次の色で表現することが多い
⇨K；赤紫色，Cu；青緑色，Ca；橙赤色，Ba；黄緑色

入試問題例 2族元素 東海大改

次の文を読み，各問いに答えよ。

2族元素はすべて金属元素で，Be，Mg，〔 (a) 〕，〔 (b) 〕，〔 (c) 〕およびRaが属し，アルカリ土類金属とよばれる。

これらの原子は〔 (d) 〕2個をもち，2価の〔 (e) 〕イオンになりやすい。この傾向は原子番号が〔 (f) 〕くなるほど強くなる。

(1) 文中の空欄(a)～(c)にあてはまる元素記号を原子番号順に記せ。
(2) 文中の空欄(d)～(f)にあてはまる語句を記せ。
(3) 次の①～④の記述が正しい場合は**A**，誤っている場合は**B**とせよ。
① 2族元素はすべて特有な炎色反応を示す。
② 2族元素はすべて常温の水と反応し，水素を発生する。
③ Be，Mgの硫酸塩は水に溶解するが，(a)，(b)，(c)の硫酸塩は水に溶けにくい。
④ Be，Mgの水酸化物は水に溶解するが，(a)，(b)，(c)の水酸化物は水に溶けにくい。

解説 最重要35がわかっていれば，簡単に解答できる。

(2) 2族元素の価電子の数は2個。 ← 典型元素の価電子の数は，族の番号の下1桁の数。
2価の陽イオンになりやすい。周期表の左側・下側の元素ほどイオン化エネルギーが小さいので(最重要3－1)，陽イオンになる傾向は原子番号が大きいほど強い。
↑ 陽イオンになりやすい。

(3) ① Be，Mgは特有な炎色反応を示さない。
② Be，Mgは常温の水と反応しない。Mgは熱水と反応する。
③ 正しい。
④ 水に，$Mg(OH)_2$は溶けにくいが，$Ca(OH)_2$は少し溶け，$Ba(OH)_2$はよく溶ける。

答
(1) (a) Ca (b) Sr (c) Ba
(2) (d) **価電子** (e) **陽** (f) **大き**
(3) ① **B** ② **B** ③ **A** ④ **B**

$CaCO_3$からの次の反応の**反応式**を確実におさえ，また**名称**にも着目する。

$$CaCO_3 \xrightarrow{1} CaO \xrightarrow{2} Ca(OH)_2 \xrightarrow{3} CaCO_3 \overset{3}{\rightleftarrows} Ca(HCO_3)_2$$

$$CaO \xrightarrow{5} CaC_2 \qquad CaCO_3 \xrightarrow{4} CaCl_2$$

1 $CaCO_3$を強熱 ⇨ $CaCO_3 \longrightarrow CaO + CO_2$

補足 ▶**炭酸カルシウム**$CaCO_3$ ⇨ **石灰石**，**大理石**，方解石，貝殻などの成分
▶**酸化カルシウム**CaO ⇨ **生石灰**

2 CaOに水を加える ⇨ $CaO + H_2O \longrightarrow Ca(OH)_2$

（← 多量の熱を発生。）

補足 ▶**水酸化カルシウム**$Ca(OH)_2$ ⇨ **消石灰** ← しっくい，モルタルなど建築材料。
▶$Ca(OH)_2$**水溶液** ⇨ **石灰水**（← 強塩基水溶液）

3 石灰水にCO_2を吹き込む ⇨ 白濁し，過剰で白濁が消える。

⇨ $Ca(OH)_2 + CO_2 \longrightarrow CaCO_3\downarrow + H_2O$（$CaCO_3$ ← 白濁）

過剰で ⇨ $CaCO_3 + CO_2 + H_2O \longrightarrow Ca(HCO_3)_2$ ← 白濁が消える。（← 鍾乳洞ができる反応。）

補足 $Ca(HCO_3)_2$の水溶液を加熱すると，逆の反応が起こって$CaCO_3$を生じて白濁する。（← 鍾乳石・石筍ができる反応。）

4 $CaCO_3$に酸を加える ⇨ CO_2を発生して溶ける。 ← 弱酸の塩に強酸を加えると，弱酸が遊離する反応。

⇨ $CaCO_3 + 2HCl \longrightarrow CaCl_2 + H_2O + CO_2\uparrow$

解説 $CaCO_3$は水に溶けにくいが，酸にはCO_2を発生して溶ける。

5 CaOとコークスを加熱 ⇨ $CaO + 3C \longrightarrow CaC_2 + CO$

（$3C$ ← コークス）

補足 **炭化カルシウム**CaC_2に水を加えると**アセチレン**C_2H_2を発生する。

$CaC_2 + 2H_2O \longrightarrow Ca(OH)_2 + C_2H_2\uparrow$ ← アセチレンの製法

カルシウム化合物の名称

- $CaCO_3$；石灰石，大理石，方解石 ← すべて主成分が$CaCO_3$
- CaO；生石灰
- $Ca(OH)_2$；消石灰 ⇨ 水溶液；石灰水
- CaC_2；カーバイドまたはカルシウムカーバイド
- $CaSO_4 \cdot 2H_2O$；セッコウ
- $CaSO_4 \cdot \frac{1}{2}H_2O$；焼きセッコウ

例題　Ca化合物の反応

次の(1)〜(4)の変化を化学反応式で表せ。

(1) 生石灰に水を加えたら，発熱して消石灰となった。
(2) 石灰水に二酸化炭素を吹き込むと，白濁した。
(3) (2)にさらに二酸化炭素を吹き込むと，白濁は消えた。
(4) 石灰石に塩酸を加えると，気体が発生して溶けた。

解説 (1) 消石灰は$Ca(OH)_2$である。
(2) $Ca(OH)_2$の水溶液である石灰水にCO_2を吹き込むと，$CaCO_3$の沈殿が生じる。
(3) $CaCO_3$にさらにCO_2を吹き込むと，水溶性の$Ca(HCO_3)_2$が生じる。
(4) 弱酸の塩に強酸を加えると弱酸が遊離する反応である。

答 (1) $CaO + H_2O \longrightarrow Ca(OH)_2$
(2) $Ca(OH)_2 + CO_2 \longrightarrow CaCO_3 + H_2O$
(3) $CaCO_3 + CO_2 + H_2O \longrightarrow Ca(HCO_3)_2$
(4) $CaCO_3 + 2HCl \longrightarrow CaCl_2 + H_2O + CO_2$

最重要 38

$MgCl_2$, $CaCl_2$, セッコウの特性・用途に着目する。

1 $MgCl_2$, $CaCl_2$ ⇨ 潮解性

空気中に放置すると水分を吸収して溶ける現象。NaOHやKOHも示す。

$CaCl_2$：無水塩化カルシウム

補足 $MgCl_2$はにがりの主成分。$CaCl_2$は**乾燥剤**や融雪剤に使われる。

2 $CaSO_4 \cdot 2H_2O$ ⇨ セッコウ ⇄ 焼きセッコウ $CaSO_4 \cdot \frac{1}{2}H_2O$

解説 セッコウを約130℃で焼くと，焼きセッコウとなる。焼きセッコウに適量の水を加えると硬化してセッコウとなる。← 塑像・ギプスに利用。

$$CaSO_4 \cdot 2H_2O \underset{\text{硬化}}{\overset{\text{加熱}}{\rightleftarrows}} CaSO_4 \cdot \frac{1}{2}H_2O + \frac{3}{2}H_2O$$

例題 **カルシウム化合物の性質**

次の**ア**～**カ**の化合物について，(1)～(4)にあてはまるものを選べ。

ア CaO　**イ** $CaCl_2$　**ウ** $Ca(OH)_2$　**エ** $CaCO_3$

オ $CaSO_4$　**カ** $Ca(HCO_3)_2$

(1) 水に溶けにくいが，塩酸に気体を発生して溶ける。

(2) 水溶液を加熱すると，白濁する。

(3) 水を加えると多量の熱を発生して溶ける。

(4) 空気中に放置しておくと，べとべとになる。

解説 (1) 水に難溶なのは$CaCO_3$と$CaSO_4$。$CaCO_3$は塩酸にCO_2を発生して溶ける。

(2) $Ca(HCO_3)_2$の水溶液を加熱すると，$CaCO_3$が生じて白濁する。

(3) CaOに水を加えると，多量の熱を発生して$Ca(OH)_2$となる。

(4) $CaCl_2$は潮解性があるため，空気の水分を吸収して溶けてべとべとになる。

答 (1) **エ**　(2) **カ**　(3) **ア**　(4) **イ**

入試問題例　カルシウム化合物の総合問題　高知大

カルシウムは，炭酸塩や硫酸塩として自然界に多く存在している。なかでもA石灰石は，カルシウム化合物を主成分とする岩石で，鍾乳洞やカルスト台地などを形成する。鍾乳洞はB石灰石が二酸化炭素を含んだ水に溶けてできたものである。化学工業においても石灰石は重要であり，C1000℃以上に強熱すると，二酸化炭素を発生しながら生石灰へと変化する。Dこの生石灰は，消石灰やカーバイドをつくる原料として利用される。

(1) 下線部**A**の石灰石の主成分を化学式で示せ。

(2) 下線部**B**の反応を化学反応式で示せ。また，鍾乳洞に見られる鍾乳石や石筍はどのようにしてできたか。化学反応式をもとに簡潔に説明せよ。

(3) 下線部**C**の反応を化学反応式で示せ。

(4) 下線部**D**について次の問いに答えよ。

① 生石灰が消石灰になるとき，多量の熱を発生しながら水と反応する。このことを利用して生石灰は乾燥剤として利用されているが，二酸化炭素の乾燥には使えない。この理由を化学反応式を用いて簡潔に説明せよ。

② カーバイドに水を反応させたときの反応を化学反応式で示せ。

(5) Mg^{2+}とCa^{2+}の混合水溶液から，別々に沈殿させる手順を記せ。

解説 (1) 主成分は炭酸カルシウム$CaCO_3$である(最重要37－**1**)。

(2) 石灰石がCO_2の含んだ水によって$Ca(HCO_3)_2$となって溶け，鍾乳洞ができる。この反応は可逆反応であり，逆に$Ca(HCO_3)_2$を含む水溶液から$CaCO_3$が生成し，鍾乳石や石筍ができる(最重要37－**3**)。

(4) ① $Ca(OH)_2$とCO_2が中和する。

② アセチレンC_2H_2が発生する(最重要37－**5**)。

(5) 最重要35－**2**より，SO_4^{2-}を加えると，Mg^{2+}は沈殿しないが，Ca^{2+}は$CaSO_4$の沈殿となる。⇨ $Ca^{2+} + SO_4^{2-} \longrightarrow CaSO_4\downarrow$　← $MgSO_4$は水に溶ける。

沈殿を除いたろ液に，OH^-を加えると，Mg^{2+}は$Mg(OH)_2$の沈殿となる。

答 (1) $CaCO_3$

(2) $CaCO_3 + CO_2 + H_2O \longrightarrow Ca(HCO_3)_2$

〔説明〕**この反応は可逆反応であり，$Ca(HCO_3)_2$を含む水溶液から水が蒸発したり，CO_2を放出すると，$CaCO_3$が生成して鍾乳石や石筍が生じる。**

(3) $CaCO_3 \longrightarrow CaO + CO_2$

(4) ① $Ca(OH)_2 + CO_2 \longrightarrow CaCO_3 + H_2O$**の反応により，$CO_2$が吸収されるから。**

② $CaC_2 + 2H_2O \longrightarrow Ca(OH)_2 + C_2H_2\uparrow$

(5) **混合水溶液に硫酸を加えると$CaSO_4$が沈殿する。ろ過して除いたろ液に$NaOH$水溶液を加えると$Mg(OH)_2$が沈殿する。**

11 金属単体の性質

最重要 39

金属単体の性質は，まず，金属の**イオン化列**を**基準**にして**空気・水・酸**との反応をおさえる。

イオン化傾向の大小。

1 空気中の反応

酸素との反応。

- **直ちに酸化** ⇨ Li，K，Ca，Na ← 乾燥空気中。（直ちに光沢を失う。）
- **加熱により酸化** ⇨ Mg，Al
- **強熱すると酸化** ⇨ Zn，Fe，Ni，Sn，Pb，Cu，Hg

補足 イオン化傾向の小さいAg，Pt，Auは，空気中で酸化せず，光沢が保たれる。

2 水との反応

- **常温の水と反応** ⇨ Li，K，Ca，Na （激しく反応。）
- **熱水と反応** ⇨ Mg
- **高温の水蒸気と反応** ⇨ Al，Zn，Fe

} H_2を発生

例 $2Na + 2H_2O \longrightarrow 2NaOH + H_2\uparrow$

$Mg + 2H_2O \longrightarrow Mg(OH)_2 + H_2\uparrow$

3 酸との反応

- **塩酸や希硫酸** ⇨ 水素よりイオン化傾向の大きい金属
- **硝酸・熱濃硫酸** ⇨ Cu，Hg，Ag
- **王水のみ** ⇨ Pt，Au

例 $Ca + 2HCl \longrightarrow CaCl_2 + H_2\uparrow$

$Zn + 2HCl \longrightarrow ZnCl_2 + H_2\uparrow$

解説 ▶硝酸，熱濃硫酸は**酸化作用のある酸**。

希硝酸：$3Cu + 8HNO_3 \longrightarrow 3Cu(NO_3)_2 + 4H_2O + 2NO\uparrow$

熱濃硫酸：$Cu + 2H_2SO_4 \longrightarrow CuSO_4 + 2H_2O + SO_2\uparrow$ （濃硫酸と加熱。）

▶**王水**：濃塩酸：濃硝酸＝3：1（体積比）の混合溶液。

最重要 40

金属単体の性質は，次に，**Pbの反応**，**不動態**，**両性金属**をおさえる。

← これらの反応はイオン化傾向の大小とは関係がない。

1 Pb ⇨ **塩酸や硫酸**と反応しにくい。他の酸とは反応する。

解説 $Pb^{2+} + 2Cl^- \longrightarrow PbCl_2\downarrow$　$Pb^{2+} + SO_4^{2-} \longrightarrow PbSO_4\downarrow$において，水に不溶の$PbCl_2$，$PbSO_4$がPbの表面を覆って，反応しなくなる。

2 Al，Fe，Ni ⇨ **濃硝酸**と反応しない ⇨ **不動態**となる。

← 希硝酸や他の酸とは反応する。

解説 濃硝酸によって，これらの金属の表面にち密な酸化被膜ができて反応しなくなる。この状態が不動態である。

3 Al，Zn，Sn，Pb ⇨ **NaOH(強塩基)水溶液**と反応する。

解説 これらは両性金属であり，酸・強塩基溶液のいずれとも反応する。

おもな両性金属 ⇨ Al，Zn，Sn，Pb ← 「あ(Al)あ(Zn)すん(Sn)なり(Pb)と両性に愛される」と覚える。

例 $2Al + 6HCl \longrightarrow 2AlCl_3 + 3H_2$

$2Al + 2NaOH + 6H_2O \longrightarrow 2Na[Al(OH)_4] + 3H_2$

〔金属のイオン化列と金属の反応性〕

← H_2はこの間に入る。(PbとCuの間)

イオン化列	Li	K	Ca	Na	Mg	Al	Zn	Fe	Ni	Sn	Pb	Cu	Hg	Ag	Pt	Au
空気中の反応	直ちに酸化				加熱で酸化		強熱すると酸化							変化しない		
水との反応	常温で反応				*1	高温の水蒸気と反応			変化しない							
酸との反応	塩酸や希硫酸と反応										*2	酸化作用のある酸と反応			王水と反応	
濃硝酸で不動態となる						○		○	○							
NaOH水溶液と反応						○	○			○	○					

*1. 熱水と反応。

*2. 塩酸・硫酸と反応しない。他の酸とは反応する。

例題　金属単体の性質

次の金属単体**ア**～**カ**のうち，①～⑤にあてはまるものをすべて選べ。

ア Al　イ Zn　ウ Cu　エ Fe　オ Pb　カ Pt

① 希硝酸と反応しない。
② 希硫酸とも水酸化ナトリウム水溶液とも反応する。
③ 希硫酸と反応しないが，希硝酸と反応する。
④ 希硫酸とは反応するが，濃硝酸と反応しない。
⑤ 水酸化ナトリウム水溶液とも濃硝酸とも反応する。

解説 *p.59*の表を見れば答えられる。

① 酸化作用のある希硝酸と反応しないのは，イオン化傾向の最も小さいPt。
② 希硫酸と反応するのは，イオン化傾向が水素より大きい金属だが，Pbは反応しないからAl，Zn，Fe。NaOH水溶液と反応するのは両性金属だからAl，Zn。
③ 希硫酸と反応しないPb，Cu，Ptのうち，希硝酸と反応するのはPb，Cu。
④ 希硫酸と反応するAl，Zn，Feのうち，濃硝酸によって不動態となるのはAl，Fe。
⑤ NaOH水溶液と反応するのは両性金属であるからAl，Zn，Pb。このうち，濃硝酸に溶けるのは，不動態とならないZn，Pb。

答 ① **カ**　② **ア，イ**　③ **ウ，オ**　④ **ア，エ**　⑤ **イ，オ**

入試問題例　金属と酸の反応　　センター試験

金属と酸の反応に関する記述として誤りを含むものを次の①～⑥のうちから1つ選べ。

① アルミニウムは，希硝酸に溶ける。
② 鉄は希硝酸に溶けるが，濃硝酸には溶けない。
③ 銅は，希硝酸と濃硝酸のいずれにも溶ける。
④ 亜鉛は，希硫酸と希塩酸のいずれにも溶ける。
⑤ 銀は熱濃硫酸に溶ける。
⑥ 金は希硝酸に溶けないが，濃硝酸には溶ける。

解説 ①，② **最重要40－2**より，アルミニウム，鉄は濃硝酸とは不動態を形成するので溶けないが，希硝酸には溶ける。よって，どちらも正しい。

③ **最重要39－3**より，銅は酸化作用のある硝酸と反応する。濃硝酸と不動態を形成することもない。よって正しい。
④ **最重要39－3**より，水素よりイオン化傾向の大きい亜鉛は塩酸や希硫酸と反応する。よって正しい。
⑤ **最重要39－3**より，銀は酸化作用のある熱濃硫酸と反応する。よって正しい。
⑥ **最重要39－3**より，金は王水としか反応しない。よって誤りである。

答 ⑥

金属単体の**物理的性質**は，次の **3 つ**に着目する。

1 **電気･熱の伝導性**が大 ⇨ Ag，Cu

解説 金属はいずれも電気・熱の伝導性が大きいが，とくにAg，Cu，Auが大きい。

2 **赤色** ⇨ Cu　　**金色** ⇨ Au

補足 ▶他の金属は銀白色，いずれも光沢をもつ。
▶化合物では，Fe_2O_3，Cu_2O，HgS などが赤色。

3 常温で **液体** ⇨ Hg　　非金属単体で液体 ⇨ Br_2

解説 ▶水銀は金，銀，銅などを溶かし，合金をつくる ⇨ **アマルガム**という。
▶他の金属はすべて固体。融点の最高の金属 ⇨ W；3410℃

補足 **金属単体の特性** ⇨ 電気･熱の伝導性が大，光沢をもつ，展性･延性に富む。
（金属単体の特性 ← 自由電子による。）

入試問題例　金属元素の性質

金沢大改

次の文章は，亜鉛，アルミニウム，鉄，銅について述べたものであり，金属**A**～**D**はそれぞれいずれかである。下の問いに答えよ。

金属**A**は赤みを帯びたやわらかい金属で，熱と電気の伝導性がよい。熱濃硫酸に入れると(a)気体を発生して溶ける。金属**B**は軽くてやわらかく，空気に触れると表面に(b)ち密な酸化膜ができる。また，(c)金属**B**を水酸化ナトリウム水溶液に入れると，気体を発生しながら溶ける。金属**C**を硫酸亜鉛水溶液，**A**を硫酸銅(Ⅱ)水溶液に浸し，素焼き板で仕切って導線でつなぐとダニエル電池ができる。金属**D**を希硫酸中に入れると，無色無臭の(d)気体を発生して溶けるが，水酸化ナトリウム水溶液に入れても反応しなかった。**D**を希硫酸に溶かして生じた淡緑色の溶液に，塩素を通じると黄色の水溶液になる。

(1) 金属**A**～**D**を元素記号で示せ。

(2) 下線部(a)，(b)，(d)の物質を化学式で示せ。

(3) 下線部(c)の反応を化学反応式で示せ。

解説　金属**A**は，赤みを帯び，熱と電気の伝導性がよいことから銅Cu（最重要41－1，2）。銅と熱濃硫酸とは最重要12－1や最重要39－3より，次のように反応し，発生する(a)気体はSO_2である。

$$Cu + 2H_2SO_4 \longrightarrow CuSO_4 + 2H_2O + SO_2\uparrow$$

Al（軽金属），Zn（重金属）

金属**B**は，水酸化ナトリウム水溶液と反応することから，最重要40－3より，両性金属であり，アルミニウムAlか亜鉛Znであるが，軽くてやわらかいことからAlである。また(b)ち密な酸化膜はAl_2O_3である。

金属**C**は，銅Cu（**A**）とともにダニエル電池の極であるから亜鉛Znである。

金属**D**は，希硫酸と反応することから，水素よりイオン化傾向が大きく（最重要39－3），両性金属でないことから鉄Feである。鉄と希硫酸とは次のように反応し，発生する無色無臭の(d)気体はH_2であり，生じた淡緑色の溶液は$FeSO_4$水溶液である。

$$Fe + H_2SO_4 \longrightarrow FeSO_4 + H_2\uparrow$$

答　(1) **A**；Cu　**B**；Al　**C**；Zn　**D**；Fe

(2) (a) SO_2　(b) Al_2O_3　(d) H_2

(3) $2Al + 2NaOH + 6H_2O \longrightarrow 2Na[Al(OH)_4] + 3H_2\uparrow$

12 両性金属とその化合物

強塩基の水溶液と反応する金属は両性金属であり，次の2点をおさえる。

1 両性金属；Al，Zn，Sn，Pb が重要
（Al：13族，Zn：12族，Sn・Pb：14族）

補足 両性金属は他にGa，Geなどがある（ほとんど出題されない）。

2 単体は，酸・強塩基の水溶液のいずれとも反応し，H_2を発生。
（強塩基の水溶液：NaOH水溶液がほとんど。）

解説 水素よりイオン化傾向の大きい金属は，酸と反応してH_2を発生するが，強塩基水溶液とも反応してH_2を発生するのが両性金属の特性。

例 $2Al + 6HCl \longrightarrow 2AlCl_3 + 3H_2\uparrow$

$2Al + 2NaOH + 6H_2O \longrightarrow 2Na[Al(OH)_4] + 3H_2\uparrow$
テトラヒドロキシドアルミン酸ナトリウム

$Zn + 2HCl \longrightarrow ZnCl_2 + H_2\uparrow$

$Zn + 2NaOH + 2H_2O \longrightarrow Na_2[Zn(OH)_4] + H_2\uparrow$
テトラヒドロキシド亜鉛(Ⅱ)酸ナトリウム

出題される両性金属の反応のほとんどはAlとZn。

入試問題例 亜鉛と両性金属 首都大東京

亜鉛は12族に属する〔 (a) 〕である。また，①酸とも塩基とも反応する〔 (b) 〕金属の1つである。たとえば，②希塩酸にこの元素の単体を加えると，ガスの発生を伴い溶解する。③同様な現象は，水酸化ナトリウム水溶液を用いた場合にも観察される。

(1) (a)にあてはまる適当な語句を次から選び，記号を記せ。
ア 典型元素　イ 遷移元素　ウ ハロゲン元素　エ アルカリ金属
オ アルカリ土類金属　カ 貴ガス元素

(2) (b)にあてはまる適当な語句を記せ。

(3) 亜鉛以外に下線部①のような性質を示す元素を次から選び，記号を記せ。
ア 銅　イ アルミニウム　ウ ナトリウム　エ 硫黄　オ ヨウ素

(4) 下線部②，③の反応の化学反応式を記せ。

解説 (3) 両性金属はAl，Zn，Sn，Pbが重要（最重要42－1）。
(4) どちらも塩とH_2を生じる（最重要42－2）。

答 (1) イ　(2) 両性　(3) イ　(4) ②$Zn + 2HCl \longrightarrow ZnCl_2 + H_2\uparrow$
③$Zn + 2NaOH + 2H_2O \longrightarrow Na_2[Zn(OH)_4] + H_2\uparrow$

最重要 43

両性金属の酸化物と水酸化物は，酸・強塩基の反応で **同じ生成物**となることに着目。

1 **両性酸化物**；Al_2O_3，ZnO，SnO(SnO_2)，PbO(PbO_2)
両性水酸化物；$Al(OH)_3$，$Zn(OH)_2$，$Sn(OH)_2$，$Pb(OH)_2$

いずれも水に溶けにくい。

2 酸･塩基と反応し**塩を生成** ⇨ 単体の反応で生成する塩と同じ。

解説 酸化物・水酸化物 ＋ 酸・強塩基 ⟶ 塩(＋ H_2O)

例 酸化物 $Al_2O_3 + 6HCl \longrightarrow 2AlCl_3 + 3H_2O$
$Al_2O_3 + 2NaOH + 3H_2O \longrightarrow 2Na[Al(OH)_4]$

水酸化物 $Al(OH)_3 + 3HCl \longrightarrow AlCl_3 + 3H_2O$
$Al(OH)_3 + NaOH \longrightarrow Na[Al(OH)_4]$

入試問題例 強塩基の水溶液と反応する酸化物 センター試験

強塩基の水溶液と反応して塩をつくる酸化物として適当なものを，次の①～⑤のうちから2つ選べ。

① Na_2O ② MgO ③ P_4O_{10} ④ CaO ⑤ ZnO

解説 酸性酸化物と両性酸化物が，強塩基と反応して塩を生成する。最重要10−**1**より，非金属元素の酸化物が酸性酸化物。
また，最重要43−**1**より，両性酸化物はZnOである。

答 ③，⑤

両性金属の金属イオンの反応は，NaOH水溶液との共通の反応，Zn^{2+}とアンモニア水との反応を確実におさえる。

1 **両性金属の金属イオン**を含む水溶液に**NaOH水溶液**を加えると，**はじめ沈殿**を生じるが，**過剰**に加えると**沈殿が溶ける**。

例 はじめ ⇨ $Al^{3+} + 3OH^- \longrightarrow Al(OH)_3\downarrow$
⇨ $Zn^{2+} + 2OH^- \longrightarrow Zn(OH)_2\downarrow$ } 白色沈殿

過剰で ⇨ $Al(OH)_3 + OH^- \longrightarrow [Al(OH)_4]^-$
テトラヒドロキシドアルミン酸イオン
⇨ $Zn(OH)_2 + 2OH^- \longrightarrow [Zn(OH)_4]^{2-}$
テトラヒドロキシド亜鉛(Ⅱ)酸イオン } 無色溶液

2 **Zn^{2+}**を含む水溶液に**アンモニア水**を加えると，**はじめ沈殿**が生じるが，**過剰**に加えると，**沈殿が溶ける**。← Al^{3+}は過剰でも溶けない。

解説 アンモニア水 ⇨ $NH_3 + H_2O \rightleftarrows NH_4^+ + OH^-$
はじめ ⇨ $Zn^{2+} + 2OH^- \longrightarrow Zn(OH)_2\downarrow$ ← 白色沈殿
過剰で ⇨ $Zn(OH)_2 + 4NH_3 \longrightarrow [Zn(NH_3)_4]^{2+} + 2OH^-$ ← 無色の溶液
テトラアンミン亜鉛(Ⅱ)イオン ← 錯イオンという(p.81)。

最重要

45 Pb^{2+}は次の**沈殿反応**がポイント。

（Pb^{2+} ← 水溶液中）

1 $Pb^{2+} + 2Cl^- \longrightarrow PbCl_2\downarrow$（白色）← 塩酸で白色沈殿。

解説 $PbCl_2$は熱水に溶ける。

2 $Pb^{2+} + SO_4^{2-} \longrightarrow PbSO_4\downarrow$（白色）← 硫酸で白色沈殿。

解説 塩酸でも硫酸でも白色沈殿を生じる ⇨ Pb^{2+}が存在。

3 $Pb^{2+} + S^{2-} \longrightarrow PbS\downarrow$（黒色）← 硫化水素を通じると黒色沈殿。

解説 酸性水溶液中でも沈殿する。S^{2-}の検出に用いる。

4 $Pb^{2+} + CrO_4^{2-} \longrightarrow PbCrO_4\downarrow$（黄色）← クロム酸カリウム水溶液で黄色沈殿。

（$PbCrO_4$：クロム酸鉛（Ⅱ））

解説 Pb^{2+}の検出反応として重要。

例題 **Pb^{2+}の反応**

Pb^{2+}を含む水溶液に，次の水溶液**ア**～**カ**を加えても沈殿が生じないのはどれか。

ア 塩化ナトリウム　**イ** クロム酸カリウム　**ウ** 硫化ナトリウム
エ 塩　酸　**オ** 硫　酸　**カ** 硝　酸

解説 **ア**・**エ**；NaCl，HClより，ともに $Pb^{2+} + 2Cl^- \longrightarrow PbCl_2\downarrow$ ← 白色
イ；K_2CrO_4より，$Pb^{2+} + CrO_4^{2-} \longrightarrow PbCrO_4\downarrow$ ← 黄色
ウ；Na_2Sより，$Pb^{2+} + S^{2-} \longrightarrow PbS\downarrow$ ← 黒色
オ；H_2SO_4より，$Pb^{2+} + SO_4^{2-} \longrightarrow PbSO_4\downarrow$ ← 白色

答 **カ**

最重要 46 次の**化合物・メッキ・合金**にも着目する。

1 ミョウバン $AlK(SO_4)_2 \cdot 12H_2O$ ⇨ 無色透明の正八面体結晶。

解説 $Al_2(SO_4)_3$ と K_2SO_4 の水溶液から得られる塩。⇨ **複塩**

$$AlK(SO_4)_2 \longrightarrow Al^{3+} + K^+ + 2SO_4^{2-}$$

2 $SnCl_2$ は還元剤 ⇨ $Sn^{2+} \longrightarrow Sn^{4+}$ と変化しやすい。

$SnCl_2$ ← 塩化スズ(Ⅱ)

酸化数は＋2か＋4。

3 Feに

- Znをメッキ ⇨ **トタン**
- Snをメッキ ⇨ **ブリキ**

鉄のさびを防ぐためにメッキ。

4 合金

- **ジュラルミン** ⇨ AlにCu，Mgなど ← 軽くて強度が大。
- **無鉛はんだ** ⇨ Sn，Ag，Cu

以前はSn，Pbが成分だったが，Pbは有毒性から，使われなくなった。

入試問題例　Al^{3+}，Zn^{2+}，Pb^{2+}などの判別　東京工業大

次の①～③の水溶液には，各2種類の陽イオンのいずれか一方が存在している。どちらのイオンが存在しているかを判別したい。最も適するものを**ア**～**オ**より選べ。

① Al^{3+}，Zn^{2+}　② Na^{+}，Ba^{2+}　③ Pb^{2+}，Al^{3+}

ア　溶液の色をみる。

イ　炎色反応で色をみる。

ウ　アンモニア水を少量加えて沈殿を生じさせ，過剰に加えて溶けるかどうかをみる。

エ　NaOH水溶液を少量加えて沈殿を生じさせ，過剰に加えて溶けるかどうかをみる。

オ　塩酸を加えて沈殿が生じるかどうかをみる。

解説　① アンモニア水を加えると，ともに白色沈殿を生じるが，過剰に加えると，Zn^{2+}から生じた沈殿だけが溶ける（最重要44－**2**）。
←$[Zn(NH_3)_4]^{2+}$

② 炎色反応はNaが黄色，Baは黄緑色である（最重要36）。

③ 塩酸を加えると，Pb^{2+}のみ白色沈殿を生じる（最重要45－**1**）。
←$PbCl_2$

答　① **ウ**　② **イ**　③ **オ**

入試問題例　両性金属の性質　自治医大改

両性金属について正しいのはどれか。次の**ア**～**オ**から2つ選べ。

ア　アルミニウムは水酸化ナトリウム水溶液に溶けて水素を発生する。

イ　硫酸アルミニウムと硫酸カリウムからなる複塩の結晶は無色透明の正八面体である。

ウ　亜鉛の水酸化物はアンモニア水に溶けない。

エ　亜鉛の酸化物は酸に溶けにくい。

オ　スズの化合物にはスズの酸化数が＋1と＋2のものがある。

解説　**ウ**；最重要44－**2**より，$Zn(OH)_2$は過剰のアンモニア水に溶ける。

エ；最重要43－**2**より，ZnOは両性酸化物なので酸にも強塩基にも溶ける。

オ；最重要46－**2**より，スズ化合物のスズの酸化数は＋2と＋4のものがある。

答　**ア**，**イ**

13 鉄とその化合物

最重要 47

鉄の単体の性質は，**酸と反応**すること，**濃硝酸**によって**不動態**となることがポイント。

1 **鉄**(単体)は，**酸を加える**と**水素を発生**して溶ける。

希硫酸や塩酸など。

解説 Feはイオン化傾向が水素より大きいので，酸と反応して塩とH_2を生成する。

例 $Fe + H_2SO_4 \longrightarrow FeSO_4 + H_2\uparrow$

2 **鉄**(単体)は，**濃硝酸と反応しない**。⇨ **不動態となる**。

解説 ▶**不動態**；鉄の表面にち密な酸化被膜が生じ，濃硝酸と反応しない。

⇨ 希硫酸や塩酸とも反応しなくなる。

▶濃硝酸によって不動態となる金属 ⇨ Al，Fe，Ni ← この3つが重要。

3 **鉄の合金** ⇨ ステンレス鋼；Fe，Cr，Ni，MK鋼；Fe，Al，Ni

ステンレス鋼：さびにくい。　MK鋼：磁石の材料。

例題 **Feなど金属単体の性質**

金属の単体**A**～**E**は次のいずれかである。下の**実験1**～**3**の結果から鉄は**A**～**E**のどれか。

亜鉛，アルミニウム，マグネシウム，銅，鉄

〔**実験1**〕金属**A**～**E**を希硫酸に入れると，**A**，**B**，**C**，**D**は溶けた。

〔**実験2**〕金属**A**～**E**を水酸化ナトリウム水溶液に入れると，**A**，**C**は溶けた。

〔**実験3**〕濃硝酸に入れると，**B**，**C**，**E**は溶けた。

解説 〔**実験1**〕鉄は，イオン化傾向が水素より大きく，希硫酸に溶ける。希硫酸に溶けない**E**は銅。

〔**実験2**〕水酸化ナトリウム水溶液に溶けるのは両性金属で，亜鉛とアルミニウム。鉄は，両性金属でないから，溶けない。

〔**実験3**〕鉄とアルミニウムは，濃硝酸に入れると不動態となって溶けない。したがって，溶けない**A**，**D**のうち，**A**はアルミニウムであるから，**D**が鉄である。

よって，**B**がマグネシウム，**C**が亜鉛とわかる。

答 **D**

鉄のイオン・化合物では，Fe^{2+} と Fe^{3+} の次の **4 つの違い**を確実におさえる。

水溶液中	Fe^{2+}（淡緑色）	Fe^{3+}（黄褐色）
OH^- NaOH水溶液・アンモニア水	**緑白色沈殿** $Fe(OH)_2$	**赤褐色沈殿** 水酸化鉄（Ⅲ）
$[Fe(CN)_6]^{4-}$ ヘキサシアニド鉄（Ⅱ）酸イオン	（青白色沈殿）	**濃青色沈殿** （プルシアンブルー）
$[Fe(CN)_6]^{3-}$ ヘキサシアニド鉄（Ⅲ）酸イオン	**濃青色沈殿** （ターンブルブルー）	（暗褐色溶液）
KSCN水溶液 チオシアン酸カリウム	（変化なし）	**血赤色溶液**

「ヘキサシアニド…」「チオシアン…」とあれば鉄イオンが関係すると思ってよい。

補足 ▶水酸化鉄（Ⅲ）は $Fe_2O_3 \cdot nH_2O$ で表せる混合物のため，1つの化学式で表すことができない。

▶プルシアンブルーとターンブルブルーは同じ物質 ⇨ $KFe^{2+}Fe^{3+}(CN)_6$（Feの＋2と＋3の酸化数に着目。）

▶水溶液の例
- Fe^{2+} ⇨ $FeSO_4 \cdot 7H_2O$ の水溶液（青緑色の結晶。）
- Fe^{3+} ⇨ $FeCl_3 \cdot 6H_2O$ の水溶液（黄褐色・潮解性の結晶。）

最重要 49

Fe^{2+} $\underset{還元}{\overset{酸化}{\rightleftarrows}}$ Fe^{3+} の反応，また，**酸化物**にも着目。

1 Fe^{2+}（**水溶液中**）に**酸化剤**を加える ⇨ Fe^{2+}（淡緑色）⟶ Fe^{3+}（黄褐色）

補足 **酸化剤**；Cl_2 や H_2O_2 など。

例 $2Fe^{2+} + Cl_2 \longrightarrow 2Fe^{3+} + 2Cl^-$

2 Fe^{3+}（**水溶液中**）に**還元剤**を加える ⇨ Fe^{3+}（黄褐色）⟶ Fe^{2+}（淡緑色）

補足 **還元剤**；H_2S や SO_2 など。

例 Fe^{3+} を含む水溶液（塩基性～中性）に H_2S を通じると Fe^{2+} となり，FeS の沈殿が生じる。

3 酸化物 $\left\{\begin{array}{l} Fe^{2+} \Rightarrow FeO \\ Fe^{3+} \Rightarrow Fe_2O_3 \end{array}\right\}$ Fe_3O_4（$=FeO \cdot Fe_2O_3$）

補足 FeO；**酸化鉄**（Ⅱ）（黒色），Fe_2O_3；**酸化鉄**（Ⅲ）（赤褐色），Fe_3O_4（黒色）

Fe_2O_3 ← 赤さび（べんがら・赤鉄鉱）　Fe_3O_4 ← 黒さび（磁鉄鉱）

例題 **鉄とその化合物**

〔**実験 1**〕塩酸に鉄くぎを入れると，気体が発生して淡緑色の水溶液となった。

〔**実験 2**〕**実験 1** に塩素を通じると，黄色の水溶液に変化した。

(1) **実験 1** の反応を化学反応式で表せ。

(2) **実験 2** で，色が変化した理由を，イオン反応式で示したうえで答えよ。

(3) **実験 2** の溶液にアンモニア水を加えて生じる沈殿の色を答えよ。

(4) $K_3[Fe(CN)_6]$ 水溶液を加えて濃青色沈殿を生じるのは，**実験 1**・**2** どちらの溶液か。

解説 (2) 塩素は酸化剤で，Fe^{2+} が Fe^{3+} に変化した。

(3) Fe^{3+} を含む水溶液にアンモニア水を加えると，赤褐色の水酸化鉄（Ⅲ）の沈殿が生じる。

(4) $K_3[Fe(CN)_6]$ の Fe の酸化数が +3 より，Fe^{2+} と反応して濃青色沈殿となる。

答 (1) $Fe + 2HCl \longrightarrow FeCl_2 + H_2 \uparrow$

(2) $2Fe^{2+} + Cl_2 \longrightarrow 2Fe^{3+} + 2Cl^-$ **の反応で，Fe^{2+} が Fe^{3+} に変化したから。**

(3) **赤褐色**

(4) **実験 1**

入試問題例　鉄とその化合物　京都大改

鉄の酸化物には，2価の鉄イオンを含む〔 (a) 〕，3価の鉄イオンを含む〔 (b) 〕および両イオンを1：2の割合で含む〔 (c) 〕がある。

鉄を希硫酸に溶かすと，水素を発生して2価の鉄イオンを含む水溶液が生成する。その水溶液に過酸化水素水を加えると〔 (d) 〕色であった溶液が〔 (e) 〕色に変わる。これは2価のイオンが酸化されたためである。しかし，過酸化水素水の量が不足して2価の鉄イオンが残存している場合には，ヘキサシアニド鉄(Ⅲ)酸カリウム水溶液を加えると，〔 (f) 〕色の沈殿が生じる。また，鉄を希硫酸に溶かした水溶液に過マンガン酸カリウム水溶液を加えても，鉄イオンが酸化される。

(1) 文中の(a)～(c)に適する化学式を記せ。

(2) 文中の(d)～(f)に適する色を次の**ア**～**エ**から選んで記せ。

ア 赤褐　**イ** 黄褐　**ウ** 淡緑　**エ** 濃青

(3) 文中の下線部に相当する反応式を下に示す。係数･化学式を入れて完成せよ。

〔 (g) 〕+ $8H_2SO_4$ +〔 (h) 〕⟶〔 (i) 〕+ K_2SO_4 +〔 (j) 〕+ $8H_2O$

解説 (1) Fe^{2+}：Fe^{3+}＝1：2の割合で含む酸化物は，$FeO + Fe_2O_3$ ⇨ Fe_3O_4である(最重要49－**3**)。

(2) Fe^{2+}を含む水溶液は淡緑色で，Fe^{3+}に変化すると黄褐色となる(最重要49－**1**)。

(3) Fe^{2+}が$KMnO_4$に酸化されてFe^{3+}となり(最重要49－**1**)，MnO_4^-はMn^{2+}となる。

$$10FeSO_4 + 8H_2SO_4 + 2KMnO_4$$
$$\longrightarrow 5Fe_2(SO_4)_3 + K_2SO_4 + 2MnSO_4 + 8H_2O$$

答 (1) (a) FeO (b) Fe_2O_3 (c) Fe_3O_4

(2) (d) **ウ** (e) **イ** (f) **エ**

(3) (g) **$10FeSO_4$** (h) **$2KMnO_4$** ((g)，(h)は順不同)

(i) **$5Fe_2(SO_4)_3$** (j) **$2MnSO_4$** ((i)，(j)は順不同)

14 銅とその化合物

最重要 50

銅の単体では，物理的性質の特性と **酸** との反応，
緑青(ろくしょう)の生成をおさえておく。

「酸との反応」が最も重要。

1 **赤味を帯びた光沢** ⇨ 銅と金(金色)以外の金属は銀白色。

赤味を帯びた金属といえば銅のこと。

2 **電気・熱の伝導性が大** ⇨ 銀に次いで大きい。

解説 金属はいずれも電気・熱の伝導性が大きいが，Ag，Cuはとくに大きい。

3 **一般の酸とは反応しないが，酸化作用のある酸と反応**する。

解説
▶銅は，イオン化傾向が水素より小さいので，塩酸や希硫酸とは反応しない。
▶硝酸や熱濃硫酸のように酸化作用のある酸と反応する。

- **希硝酸**：$3Cu + 8HNO_3 \longrightarrow 3Cu(NO_3)_2 + 4H_2O + 2NO\uparrow$ ← NOの製法。
- **濃硝酸**：$Cu + 4HNO_3 \longrightarrow Cu(NO_3)_2 + 2H_2O + 2NO_2\uparrow$ ← NO_2の製法。
- **熱濃硫酸**：$Cu + 2H_2SO_4 \longrightarrow CuSO_4 + 2H_2O + SO_2\uparrow$ ← SO_2の製法。

4 **湿った空気中で放置**すると **緑青** となる。

補足 **緑青の組成** ⇨ $CuCO_3 \cdot Cu(OH)_2$など。

銅のさび。

5 **銅の合金** ⇨ 黄銅(しんちゅう)；Cu，Zn，　青銅(ブロンズ)；Cu，Sn，
白銅；Cu，Ni

例題 **銅の単体**

銅に関する次の記述①～④のうち，誤りを含むものを選べ。

① 赤味を帯びた光沢をもつ。
② 電気や熱をよく導き，鉄よりさびやすい。
③ 塩酸や希硫酸に溶けて水素を発生する。
④ 湿った空気中に長く放置すると，緑青というさびができる。

解説 ② 銅は電気や熱をよく導くが，イオン化傾向が鉄より小さく，鉄よりさびにくい。
③ 銅は，水素よりイオン化傾向が小さいので，塩酸や希硫酸とは反応しない。

硝酸や熱濃硫酸と反応。

答 ②，③

$CuSO_4$水溶液 ⇨ $CuSO_4\cdot 5H_2O$の結晶 ⇨ $CuSO_4$の粉末の変化と色に着目。

1 青色の$CuSO_4$水溶液から濃縮により青色の結晶$CuSO_4\cdot 5H_2O$が析出。

（濃縮）← または冷却。

解説 銅に濃硫酸を加えて加熱すると，青色の硫酸銅(Ⅱ) $CuSO_4$水溶液が生成する(最重要50－3)。この水溶液から濃縮などによって結晶を析出させると，青色の結晶の硫酸銅(Ⅱ)五水和物$CuSO_4\cdot 5H_2O$が析出する。

2 青色の結晶$CuSO_4\cdot 5H_2O$を加熱すると，白色の粉末$CuSO_4$となる。

解説
▶ $CuSO_4\cdot 5H_2O \xrightarrow{加熱} CuSO_4 + 5H_2O$ ⇨ 温度によって，水和水が順に減少する。
▶白色の粉末の無水硫酸銅(Ⅱ) $CuSO_4$ ⇨ 水を吸収すると青色となる。← H_2Oの検出。
▶ $CuSO_4\cdot 5H_2O$の結晶およびCu^{2+}を含む水溶液の青色は$[Cu(H_2O)_4]^{2+}$の色である。
⇨ $CuSO_4\cdot 5H_2O = [Cu(H_2O)_4][SO_4\cdot H_2O]$

（青色は）← Cu^{2+}の色ではない。

Cu^{2+}(水溶液中)では，次の 3 つの反応および化合物の色を確実におさえる。

NaOH水溶液やアンモニア水。

1 Cu^{2+}(水溶液中)にOH^-を加えると**青白色沈殿$Cu(OH)_2$**を生じ，これを**加熱**すると**黒色沈殿CuO**を生じる。

解説 $Cu^{2+} + 2OH^- \longrightarrow Cu(OH)_2\downarrow$（水酸化銅(Ⅱ)）　$Cu(OH)_2 \xrightarrow{加熱} CuO\downarrow + H_2O$（酸化銅(Ⅱ)）

補足 Cu_2Oは赤色沈殿。← フェーリング液を還元したとき生成(「有機編」参照)。

2 Cu^{2+}(水溶液中)に**アンモニア水**を加えると，はじめ**青白色沈殿**$Cu(OH)_2$，**過剰**で**深青色の溶液$[Cu(NH_3)_4]^{2+}$**となる。

アンモニア水を加えて深青色といえばCu^{2+}。　Cu^{2+}の検出。

解説 アンモニア水；$NH_3 + H_2O \rightleftarrows NH_4^+ + OH^-$

はじめ(少量で)；$Cu^{2+} + 2OH^- \longrightarrow Cu(OH)_2\downarrow$

過剰で；$Cu(OH)_2 + 4NH_3 \longrightarrow [Cu(NH_3)_4]^{2+} + 2OH^-$（テトラアンミン銅(Ⅱ)イオン）

3 Cu^{2+}(水溶液中)にH_2Sを通じると，**黒色沈殿CuS**を生じる。

解説 $Cu^{2+} + S^{2-} \longrightarrow CuS\downarrow$(黒色)（硫化銅(Ⅱ)）

例題　銅の単体・化合物の色

次の文中の下線部①～⑦の色を示せ。

①銅片を濃硫酸に入れて加熱すると，気体を発生して②水溶液が生じた。この水溶液を濃縮して③結晶を析出させた。この結晶を取り出して強熱すると，④粉末となった。この粉末を水に溶かした水溶液に水酸化ナトリウム水溶液を加えると⑤沈殿を生じた。この沈殿を2つに分け，一方の沈殿を⑥加熱した。他方の沈殿にアンモニア水を加えると，沈殿は溶けて⑦水溶液になった。

解説 ② $CuSO_4$水溶液。③ $CuSO_4\cdot5H_2O$の結晶。④ $CuSO_4$の粉末。⑤ $Cu(OH)_2$の沈殿。⑥ CuOに変化。⑦ $[Cu(NH_3)_4]^{2+}$を含む水溶液。

答 ① **赤色**　② **青色**　③ **青色**　④ **白色**　⑤ **青白色**　⑥ **黒色**　⑦ **深青色**

入試問題例　銅とその化合物　愛知工業大

元素は典型元素と［①］元素に分類される。銅は［①］元素の1つであり，［②］および［③］の良導体である。銅を湿った空気中に放置すると徐々に酸化され，表面に緑色の［④］が生じる。銅を空気中で加熱すると黒色の［⑤］を生じる。［⑥］酸化物である［⑤］は，a 希硫酸に溶けて硫酸銅(Ⅱ)になる。b 銅は塩酸や希硫酸には溶けないが，c 熱濃硫酸には気体［⑦］を発生して溶け，硫酸銅(Ⅱ)になる。d 硫酸銅(Ⅱ)水溶液は銅(Ⅱ)イオンを含み，塩基を加えると青白色の沈殿を生じる。さらにアンモニア水を加えると，沈殿が溶けて深青色の水溶液になる。

(1) 上の文中の①～④に最も適する名称あるいは語句を記せ。

(2) 上の文中の⑤，⑦に該当する化合物の化学式を記せ。

(3) 上の文中の⑥に該当する語句は次の**ア**～**エ**のうちのどれか。

ア　酸性　　**イ**　中性　　**ウ**　塩基性　　**エ**　両性

(4) 下線部**a**，**c**，**d**で生じる変化を，**a**，**c**は化学反応式，**d**はイオン反応式で記せ。

(5) 下線部**b**について，銅に塩酸や希硫酸を加えても溶けない理由を25字以内で記せ。

解説　(1) ②，③は最重要50－**2**，④は最重要50－**4**を参照。

(2) ⑤は最重要52－**1**，⑦は最重要50－**3**を参照。

(3) 最重要10－**1**より，金属元素の酸化物は塩基性酸化物である。

(4) **a**；中和して塩と水が生成する。

c；最重要50－**3**参照　　**d**；最重要52－**1**参照

(5) 最重要50－**3**参照

答　(1) ① **遷移**　②，③ **熱**，**電気**(順不同)　④ **緑青(さび)**

(2) ⑤ CuO　⑦ SO_2

(3) **ウ**

(4) **a**；$CuO + H_2SO_4 \longrightarrow CuSO_4 + H_2O$

c；$Cu + 2H_2SO_4 \longrightarrow CuSO_4 + 2H_2O + SO_2$

d；$Cu^{2+} + 2OH^- \longrightarrow Cu(OH)_2$

(5) **銅は水素よりイオン化傾向が小さいから。**

15 銀とその化合物

最重要 53

銀の単体は，電気・熱の伝導性，安定性，酸との反応がポイント。

1 電気・熱の伝導性が大 ⇨ 金属中で 最大

解説 金属はいずれも電気・熱の伝導性が大きいが，そのなかでAgが最大，次がCu。

2 空気中で安定 ⇨ 銀はイオン化傾向が小さい。

解説 ▶鉄や銅のように，空気中でさびない。⇨ 装飾品や食器に利用。
▶湿った空気中では，H_2Sと反応して硫化銀Ag_2S（黒色）となる。
← 温泉で銀時計が黒くなる。

3 一般の酸とは反応しないが，酸化作用のある酸 と反応する。

解説 ▶銀は，イオン化傾向が水素より小さいので，塩酸や希硫酸とは反応しない。
▶硝酸や熱濃硫酸のように酸化作用のある酸と反応する。

濃硝酸；$Ag + 2HNO_3 \longrightarrow AgNO_3 + H_2O + NO_2\uparrow$
← 希硝酸のときはNOが発生。

補足 **硝酸銀$AgNO_3$**；無色の結晶，水によく溶け，感光性がある。
← 褐色びんに保存。

Ag^+(水溶液中)とハロゲン化物イオンとの沈殿反応とハロゲン化銀の特性をおさえる。

1 Ag^+(**水溶液中**)は，Cl^-，Br^-，I^-によって**沈殿**する。

解説 $Ag^+ + Cl^- \longrightarrow AgCl\downarrow$（白色），
$Ag^+ + Br^- \longrightarrow AgBr\downarrow$（淡黄色），
$Ag^+ + I^- \longrightarrow AgI\downarrow$（黄色）
⇨ AgFは沈殿しないことに着目。

沈殿色にも着目。

2 ハロゲン化銀は 感光性 がある ⇨ 光に当たると**銀を遊離**する。

黒色になる。

解説 AgBrは写真に利用。AgFは感光性が弱い。

3 ハロゲン化銀は

AgFを除いて水に溶けない。

アンモニア水にAgClは溶け，AgBrはわずかに溶ける。

AgIは溶けない。

チオ硫酸ナトリウム水溶液にすべて溶ける。

$Na_2S_2O_3$

例 アンモニア水：$AgCl + 2NH_3 \longrightarrow [Ag(NH_3)_2]^+ + Cl^-$
ジアンミン銀(Ⅰ)イオン

チオ硫酸ナトリウム水溶液：$AgBr + 2S_2O_3^{2-} \longrightarrow [Ag(S_2O_3)_2]^{3-} + Br^-$
ビス(チオスルファト)銀(Ⅰ)酸イオン

例題　銀とその化合物

次の記述①～⑦について，正しいものには○，誤りを含むものには×を記せ。

① 銀の単体は銅に次いで，電気をよく通す。
② 銀の単体は，塩酸と反応しないが，硝酸や熱濃硫酸には反応して溶ける。
③ 銀の単体は，空気中で鉄や銅のようにさびない。
④ ハロゲン化銀は，すべて水に溶けにくい。
⑤ ハロゲン化銀は，酸には溶けないがNaOHなどの塩基水溶液には溶ける。
⑥ 硝酸銀は感光性があるので，褐色びんに保存する。
⑦ AgClやAgBrの沈殿を，太陽光に当てておくと黒ずんでくる。

解説 ① 銀は金属中，最も電気をよく通す。よって，誤りである。
② 銀はイオン化傾向が水素より小さいので，一般の酸とは反応しないが，硝酸や熱濃硫酸のように酸化作用のある酸とは反応する。よって，正しい。
③ 銀は，空気中で安定。よって，正しい。← 鉄や銅よりイオン化傾向が小さい。
④ AgFは水に溶ける。よって，誤りである。
⑤ 酸やNaOH水溶液に溶けない。よって，誤りである。
⑥ 硝酸銀は感光性があるので，褐色びんに保存する。よって，正しい。
⑦ AgClやAgBrは感光性があり，光によってAgが遊離して黒色になる。正しい。

答 ① ×　② ○　③ ○　④ ×　⑤ ×　⑥ ○　⑦ ○

入試問題例　銀とその化合物　センター試験

銀の単体や化合物に関する記述として誤りを含むものを次の①～⑤から1つ選べ。

① 単体の熱伝導性は，室温ではすべての金属元素の単体中最大である。
② 単体は，熱濃硫酸に溶けない。
③ 臭化銀は，水に溶けない。
④ 硝酸銀水溶液は無色である。
⑤ 硝酸銀水溶液に塩化ナトリウム水溶液を加えると，沈殿を生じる。

解説 ① 銀の単体の熱や電気の伝導性は，金属元素中，最大である(最重要53－1)。
② 銀の単体は，熱濃硫酸や硝酸のように酸化作用のある酸に溶ける。希硫酸とは反応しない(最重要53－3)。
③ ハロゲン化銀はAgF以外は，水に溶けない。⇨ 沈殿する(最重要54－1)。
④ 硝酸銀の結晶も水溶液も無色である。
⑤ $Ag^+ + Cl^- \longrightarrow AgCl\downarrow$ のように反応する(最重要54－1)。

答 ②

Ag^+(水溶液中)に**塩基水溶液**を加えると**褐色沈殿**が生じ，過剰の**アンモニア水**では**無色の溶液**となることに着目。

1 Ag^+(**水溶液中**)と**塩基水溶液の**OH^-が反応すると，Ag_2O**の褐色沈殿**が生じる。

←NaOH水溶液やアンモニア水。

解説 $2Ag^+ + 2OH^- \longrightarrow Ag_2O\downarrow$(褐色)$+ H_2O$

2 **アンモニア水**では，**過剰**に加えると$[Ag(NH_3)_2]^+$**の無色の溶液**となる。

解説 少量で：$2Ag^+ + 2OH^- \longrightarrow Ag_2O\downarrow$(褐色)$+ H_2O$

過剰で：$Ag_2O + 4NH_3 + H_2O \longrightarrow 2[Ag(NH_3)_2]^+ + 2OH^-$ ← 無色溶液

ジアンミン銀(Ⅰ)イオン

入試問題例 銀とその化合物 大阪大改

銀は銅と同じ11族に属する金属元素であるが，①その単体は銅の単体よりも空気中で酸化されにくい。また，銀の単体は塩酸に溶けないが，酸化力の大きい②硝酸には溶ける。銀の単体を硝酸に溶かした溶液を蒸発乾固した後，水に溶かして再結晶を行うと無色透明の硝酸銀の結晶が得られる。硝酸銀の結晶を水に溶かし，③この溶液に銅片を浸すと，無色透明の溶液が青色に変化する。一方，硝酸銀の水溶液に塩化ナトリウムを加えると，白色の沈殿が生成する。この沈殿はアンモニア水を加えると溶解し，無色透明の溶液になる。アンモニア水を加えて得られた④無色透明の溶液に過剰の硝酸を加えると，再び白色の沈殿が生じる。

(1) 下線部①から，電子を失いやすいのはどちらの単体か。元素記号で記せ。

(2) 下線部②に関して，銀と濃硝酸との反応を化学反応式で示せ。

(3) 下線部③となる理由を簡潔に記せ。　(4) 下線部④の反応を化学反応式で示せ。

解説 (1) イオン化傾向の大きいほうが電子を失いやすい。← イオン化傾向は$Cu > Ag$

(2) $AgNO_3$の水溶液が生成し，NO_2の気体が発生する(最重要53－3)。

(3) イオン化傾向は$Cu > Ag$であるから，$2Ag^+ + Cu \longrightarrow 2Ag + Cu^{2+}$のように反応して水溶液中に$Cu^{2+}$が生じるため青色となる。

(4) 硝酸によって$[Ag(NH_3)_2]^+$のNH_3が中和され，$AgCl$にもどる。← 最重要54－3の逆反応が起こる。

答 (1) Cu　(2) $Ag + 2HNO_3 \longrightarrow AgNO_3 + H_2O + NO_2\uparrow$

(3) **イオン化傾向が銅のほうが大きいので，銅がイオンとなり，銀が析出するため。**

(4) $[Ag(NH_3)_2]Cl + 2HNO_3 \longrightarrow AgCl\downarrow + 2NH_4NO_3$

16 錯イオン

錯イオンのなりたちと読み方を知る。

1 **錯イオン**は，**金属イオン**と**分子**または**イオン**が**配位結合**してできたイオン ⇨ この分子やイオンを**配位子**という。

例 配位子が分子の錯イオン；Ag^{+} + $2NH_3$ ⇨ $[Ag(NH_3)_2]^{+}$ ← 価数に注意。
配位子がイオンの錯イオン；Fe^{2+} + $6CN^{-}$ ⇨ $[Fe(CN)_6]^{4-}$

解説 ▶配位子は，配位結合するため，**非共有電子対**をもつ。
▶錯イオンの中心となる金属イオンの多くは遷移元素である。
▶錯イオンからなる塩 ⇨ **錯塩**

2 **錯イオンの読み方**は，錯イオンの**化学式の右側から**順に読む。
配位子の数 ⇨ **配位子の名称** ⇨ **金属イオンの名称(酸化数)**

解説 ▶**配位子の数の読み方**　1；モノ，2；ジ，3；トリ，4；テトラ，5；ペンタ，6；ヘキサ
▶**配位子の読み方**　NH_3；アンミン，CN^{-}；シアニド，OH^{-}；ヒドロキシド
H_2O；アクア，Cl^{-}；クロリド
▶錯イオンが陰イオンの場合は，「…酸イオン」のように「酸」をつけて読む。

例 $[Cu(NH_3)_4]^{2+}$；テトラアンミン銅(Ⅱ)イオン
（テトラ ← 4，アンミン → NH_3，銅 → Cu^{2+}）

$[Fe(CN)_6]^{4-}$；ヘキサシアニド鉄(Ⅱ)酸イオン
（ヘキサ ← 6，シアニド → CN^{-}，鉄 → Fe^{2+}，酸 → 陰イオン）

次の錯イオンの化学式，形，色は覚えておく。

種　類	化学式	形	色
2配位錯イオン	$[Ag(NH_3)_2]^+$	直線形	無色
4配位錯イオン	$[Cu(NH_3)_4]^{2+}$ $[Zn(NH_3)_4]^{2+}$	正方形 正四面体形	深青色 無色
6配位錯イオン	$[Fe(CN)_6]^{4-}$ $[Fe(CN)_6]^{3-}$	正八面体形 正八面体形	淡黄色 黄色

補足 その他 **2配位錯イオン**：$[Ag(S_2O_3)_2]^{3-}$，$[Ag(CN)_2]^-$
4配位錯イオン：$[Cu(H_2O)_4]^{2+}$，$[Zn(OH)_4]^{2-}$，$[Al(OH)_4]^-$

入試問題例 錯イオンの化学式・名称・形など　自治医大

錯イオンを説明する表中で，正しいものの組み合わせは**ア**～**オ**のうちのどれか。

記号	金属イオン	錯イオン	名　称	配位子	配位数	錯イオンの形
A	Ag^+	$[Ag(NH_3)_2]^+$	ジアンミン銀(Ⅰ)イオン	NH_3	2	直線
B	Cu^{2+}	$[Cu(NH_3)_4]^{2+}$	テトラアンミン銅(Ⅱ)イオン	NH_3	4	正四面体
C	Zn^{2+}	$[Zn(NH_3)_4]^{2+}$	テトラアンミン亜鉛(Ⅱ)イオン	NH_3	4	正四面体
D	Fe^{2+}	$[Fe(CN)_6]^{2-}$	ヘキサシアニド鉄(Ⅱ)酸イオン	CN^-	6	正八面体
E	Fe^{3+}	$[Fe(CN)_6]^{3-}$	ヘキサシアニド鉄(Ⅲ)酸イオン	CN^-	6	正八面体

ア AとBとC　**イ** AとBとE　**ウ** AとCとE　**エ** BとCとD
オ CとDとE

解説 最重要56，57の確認問題。
B；$[Cu(NH_3)_4]^{2+}$は正方形。
D；Fe^{2+} + $6CN^-$の化学式は，$(+2)+6\times(-1)=-4$より，$[Fe(CN)_6]^{4-}$となる。

答 ウ

入試問題例　錯イオン　東京工業大

遷移金属の錯イオンに関する次の記述のうち，誤っているものはどれか。

① 遷移金属の錯イオンを含む水溶液は，すべて有色である。

② Fe^{3+}を含む水溶液にヘキサシアニド鉄(Ⅱ)酸カリウムを加えると，濃青色の沈殿が生じる。

③ AgClとAg_2Oはどちらも過剰のアンモニア水を加えると，ジアンミン銀(Ⅰ)イオンを生成して溶解する。

④ テトラアンミン銅(Ⅱ)イオンはCH_4分子と同様な形をもつ。

解説 ① ジアンミン銀(Ⅰ)イオン$[Ag(NH_3)_2]^+$や，テトラアンミン亜鉛(Ⅱ)イオン$[Zn(NH_3)_4]^{2+}$のように無色の錯イオンもある。

② Fe^{3+}とヘキサシアニド鉄(Ⅱ)酸イオン$[Fe(CN)_6]^{4-}$が濃青色沈殿(最重要48)。 ← Fe^{3+} + Fe^{2+}に着目。

③ $AgCl + 2NH_3 \longrightarrow [Ag(NH_3)_2]^+ + Cl^-$(最重要54-3),

$Ag_2O + 4NH_3 + H_2O \longrightarrow 2[Ag(NH_3)_2]^+ + 2OH^-$(最重要55-2)

④ テトラアンミン銅(Ⅱ)イオン$[Cu(NH_3)_4]^{2+}$は正方形(最重要57)であり，CH_4分子は正四面体形である。

答 ①，④

17 金属イオンの沈殿反応

〔注〕 以下のイオンの反応は，すべて水溶液中とする。

最重要 58 まず，金属イオンとCl^-，SO_4^{2-}，CO_3^{2-}の沈殿反応を確実におさえる。

1 Cl^-によって**沈殿するイオン** ⇨ Ag^+，Pb^{2+} ← 塩酸を加えると沈殿。

解説 ▶ $Ag^+ + Cl^- \longrightarrow AgCl\downarrow$（白色）
$Pb^{2+} + 2Cl^- \longrightarrow PbCl_2\downarrow$（白色）
⇨ Hg^+もHg_2Cl_2の沈殿を生じるが，ほとんど出題されない。$HgCl_2$は水に溶ける。

▶ **AgClはアンモニア水**やチオ硫酸ナトリウム水溶液に**溶ける**。

$AgCl + 2NH_3 \longrightarrow [Ag(NH_3)_2]^+ + Cl^-$
ジアンミン銀(Ⅰ)イオン

▶ **$PbCl_2$は，熱水に溶ける**。

補足 Pb^{2+}はクロム酸カリウム水溶液によって黄色沈殿$PbCrO_4$を生じる。

2 SO_4^{2-}によって**沈殿するイオン** ⇨ Ba^{2+}，Pb^{2+}，Ca^{2+} ← 硫酸を加えると沈殿。

解説 ▶ $Ba^{2+} + SO_4^{2-} \longrightarrow BaSO_4\downarrow$（白色）
$Pb^{2+} + SO_4^{2-} \longrightarrow PbSO_4\downarrow$（白色）
$Ca^{2+} + SO_4^{2-} \longrightarrow CaSO_4\downarrow$（白色）

▶いずれも酸や塩基に溶けない安定した沈殿。⇨ $BaSO_4$はX線造影剤。

3 CO_3^{2-}によって**沈殿しない**イオン ⇨ Na^+，K^+，NH_4^+

（沈殿しない ← CO_3^{2-}で沈殿するイオンが多い。）

解説 Na_2CO_3，K_2CO_3，$(NH_4)_2CO_3$以外の炭酸塩は水に溶けにくい。

補足 ▶炭酸塩は，塩酸などの酸を加えると，CO_2を発生して溶ける。

例 $CaCO_3 + 2HCl \longrightarrow CaCl_2 + H_2O + CO_2\uparrow$ ← 水に溶けない炭酸塩も酸には溶ける。

▶Na_2CO_3の水溶液に塩酸を加えてもCO_2を発生。

← 「水溶液に塩酸や希硫酸を加えて気体が発生」とあれば，Na_2CO_3水溶液と考えてよい。

H_2Sの反応では，水溶液の酸性・塩基性によって変わる沈殿反応と沈殿の色がポイント。

1 H_2Sを通じたとき

沈殿しないイオン ⇨ Na^+，K^+，Mg^{2+}，Ca^{2+}，Ba^{2+}，NH_4^+

塩基性・中性で沈殿するイオン ⇨ **Zn^{2+}**，**Fe^{2+}**，Ni^{2+}

← Zn^{2+}，Fe^{2+}が重要。

つねに沈殿するイオン ⇨ Pb^{2+}，Cu^{2+}，Ag^+，Hg^{2+}，Cd^{2+}

← 酸性でも沈殿。

例 $Zn^{2+} + S^{2-} \longrightarrow ZnS\downarrow$（白色）
$Fe^{2+} + S^{2-} \longrightarrow FeS\downarrow$（黒色）
$Pb^{2+} + S^{2-} \longrightarrow PbS\downarrow$（黒色）
$Cu^{2+} + S^{2-} \longrightarrow CuS\downarrow$（黒色）

解説
▶ H_2Sによって，沈殿しないイオンは，1族・2族とNH_4^+。
▶塩基性・中性で沈殿するZn^{2+}，Fe^{2+}，Ni^{2+}は，酸性水溶液中では沈殿しない。
▶ H_2Sは酸性溶液中では塩基性溶液中に比べて電離しにくい。よって，酸性溶液ではS^{2-}の濃度が小さく，硫化物の沈殿ができにくい。
▶ Fe^{3+}はH_2Sに還元されてFe^{2+}になり，FeSとなって沈殿する。

2 H_2Sを通じたとき

白色沈殿 ⇨ $Zn^{2+} \longrightarrow$ **$ZnS\downarrow$**

黄色沈殿 ⇨ $Cd^{2+} \longrightarrow$ **$CdS\downarrow$**

補足 他の硫化物の沈殿の多くは黒色またはそれに近い。⇨ MnSは淡桃色であるが，ほとんど出題されない。

例題　金属イオンと塩酸・硫酸

次の①，②の水溶液中に含まれる金属イオンをそれぞれ推定せよ。

① 水溶液に塩酸を加えると白色の沈殿が生じた。また，この沈殿はアンモニア水に溶けた。

② 水溶液に塩酸を加えても硫酸を加えても白色の沈殿が生じた。

解説 ① 塩酸を加えて生じる沈殿は$AgCl$，$PbCl_2$であり，このうち，アンモニア水に溶ける沈殿は$AgCl$である。したがって，Ag^+である。

② 塩酸を加えて生じる沈殿は$AgCl$，$PbCl_2$である。また，硫酸を加えて生じる沈殿は$BaSO_4$，$PbSO_4$，$CaSO_4$である。したがって，Pb^{2+}である。

答 ① Ag^+　② Pb^{2+}

例題　金属イオンとH_2S

Na^+，Zn^{2+}，Cu^{2+}，Fe^{2+}，Cd^{2+}のうち，下の①，②にあてはまるものを選べ。

① 酸性の水溶液に硫化水素を通じると，黒色の沈殿が生じた。

② 硫化水素を通じても，酸性では沈殿を生じなかったが，アンモニア水を加えて塩基性にすると黒色の沈殿が生じた。

解説 ① H_2Sを通じたとき，酸性で沈殿を生じるのは，$Cu^{2+} \longrightarrow CuS\downarrow$，$Cd^{2+} \longrightarrow CdS\downarrow$　このうち黒色はCuSである。

② H_2Sを通じたとき，酸性で沈殿を生じないが，塩基性で生じるのは，$Zn^{2+} \longrightarrow ZnS\downarrow$，$Fe^{2+} \longrightarrow FeS\downarrow$　このうち黒色はFeSである。

答 ① Cu^{2+}　② Fe^{2+}

最重要 60 金属イオンと塩基水溶液の反応では，NaOH水溶液とアンモニア水との反応を確実におさえる。

1 NaOH水溶液を加えると，はじめ沈殿を生じるが，過剰に加えるとその沈殿が溶ける ⇨ Al^{3+}，Zn^{2+}，Sn^{2+}，Pb^{2+}（両性金属）

←「あ(Al)あ(Zn)すん(Sn)なり(Pb)」と両性に愛される。

例 $Al^{3+} \xrightarrow{OH^-} Al(OH)_3\downarrow \xrightarrow{OH^-} [Al(OH)_4]^-$
白色沈殿　無色溶液
〔テトラヒドロキシドアルミン酸イオン〕

$Zn^{2+} \xrightarrow{OH^-} Zn(OH)_2\downarrow \xrightarrow{OH^-} [Zn(OH)_4]^{2-}$
白色沈殿　無色溶液
〔テトラヒドロキシド亜鉛(Ⅱ)酸イオン〕

2 アンモニア水を加えると，はじめ沈殿を生じるが，過剰に加えるとその沈殿が溶ける ⇨ Cu^{2+}，Zn^{2+}，Ag^+

← 沈殿や溶液の色も重要。

解説 ▶アンモニア水；$NH_3 + H_2O \rightleftarrows NH_4^+ + OH^-$

$Cu^{2+} \xrightarrow{OH^-} Cu(OH)_2\downarrow \xrightarrow{NH_3} [Cu(NH_3)_4]^{2+}$ ← Cu^{2+}の検出。
青色溶液　**青白色沈殿**　**深青色溶液**
〔テトラアンミン銅(Ⅱ)イオン〕

$Zn^{2+} \xrightarrow{OH^-} Zn(OH)_2\downarrow \xrightarrow{NH_3} [Zn(NH_3)_4]^{2+}$
白色沈殿　無色溶液
〔テトラアンミン亜鉛(Ⅱ)イオン〕

$Ag^+ \xrightarrow{OH^-} Ag_2O\downarrow \xrightarrow{NH_3} [Ag(NH_3)_2]^+$ ← Ag^+の検出。
褐色沈殿　無色溶液
〔ジアンミン銀(Ⅰ)イオン〕

▶Al^{3+}，Zn^{2+}は過剰のNaOH水溶液で無色の溶液になるが，過剰のアンモニア水では$Al(OH)_3$の沈殿は溶けない。← Al^{3+}とZn^{2+}の識別。

3 NaOH水溶液・アンモニア水を少量でも過剰に加えても

沈殿しないイオン ⇨ Na^+，K^+，Ca^{2+}，Ba^{2+}，NH_4^+
沈殿するイオン ⇨ Fe^{3+}，Fe^{2+}

解説 ▶Na^+，K^+，Ca^{2+}，Ba^{2+}の水酸化物は強塩基。
⇨ アルカリ金属・Be，Mg以外のアルカリ土類金属の水酸化物は水に溶ける。（← $Mg(OH)_2$，$Al(OH)_3$などは水に溶けにくい。）

▶Fe^{3+}にNaOH水溶液やアンモニア水 ⇨ 水酸化鉄(Ⅲ)の沈殿(赤褐色) ← Fe^{3+}の検出。
Fe^{2+}にNaOH水溶液やアンモニア水 ⇨ $Fe(OH)_2$の沈殿(緑白色)

▶Mg^{2+}は過剰のNaOH水溶液によって沈殿する。
⇨ $Mg^{2+} + 2OH^- \longrightarrow Mg(OH)_2\downarrow$

例題　金属イオンとNaOH水溶液・アンモニア水の反応

次のイオンのうち，下の①～③にあてはまるものを選べ。

Na^+，Fe^{3+}，Cu^{2+}，Al^{3+}，Ag^+，Zn^{2+}

① NaOH水溶液を加えてもアンモニア水を加えても，はじめ沈殿を生じ，過剰に加えると，沈殿が溶けた。

② NaOH水溶液を加えると，はじめ沈殿を生じ，過剰に加えると，沈殿が溶けたが，アンモニア水では，生じた沈殿が溶けなかった。

③ NaOH水溶液，アンモニア水どちらを過剰に加えても沈殿が生じた。

解説 ① NaOH水溶液を加えて沈殿を生じ，過剰で溶けるのは，両性金属の金属イオンで，Al^{3+}とZn^{2+}。このうち，過剰のアンモニア水に溶けるのはZn^{2+}。

⇨ $Zn(OH)_2 \longrightarrow [Zn(NH_3)_4]^{2+}$のように錯イオンとなって溶ける。

② ①と同様に，Al^{3+}とZn^{2+}。このうち，過剰のアンモニア水に溶けないのはAl^{3+}。

⇨ $Al(OH)_3$の沈殿はアンモニア水によって錯イオンにならない。

③ NaOH水溶液・アンモニア水のどちらを過剰に加えても沈殿を生じるのはFe^{3+}。

⇨ 赤褐色の水酸化鉄(Ⅲ)の沈殿が生じる。

答 ① Zn^{2+}　② Al^{3+}　③ Fe^{3+}

入試問題例　金属イオンの沈殿反応　　センター試験改

水溶液中でイオン**A**とイオン**B**，およびイオン**A**とイオン**C**をそれぞれ反応させる。いずれか一方のみに沈殿が生じる**A**～**C**の組み合わせを，次の①～⑤から1つ選べ。

	A	B	C
①	Ca^{2+}	Cl^-	$CO_3{}^{2-}$
②	Fe^{3+}	$NO_3{}^-$	$SO_4{}^{2-}$
③	Zn^{2+}	Cl^-	$SO_4{}^{2-}$
④	Ag^+	OH^-	Cl^-
⑤	Mg^{2+}	Cl^-	$SO_4{}^{2-}$

解説 ① 最重要58－**1**より，Cl^-によって沈殿するのはAg^+とPb^{2+}。また，最重要58－**3**より，Na^+，K^+，$NH_4{}^+$以外は$CO_3{}^{2-}$と沈殿する。よって，**A**・**C**のみ沈殿する。

② 硝酸塩は水溶液中では沈殿しない。また，最重要58－**2**より，$SO_4{}^{2-}$によって沈殿するのはBa^{2+}，Pb^{2+}，Ca^{2+}。よって，どちらも沈殿しない。

③ 最重要58－**1**，最重要58－**2**より，どちらも沈殿しない。

④ 最重要55－**1**より，Ag^+と塩基水溶液が反応すると，Ag_2Oの褐色沈殿が生じる。さらに，最重要58－**1**より，どちらとも沈殿する。

⑤ 最重要58－**1**，最重要58－**2**より，どちらも沈殿しない。

答 ①

入試問題例　金属イオンの沈殿反応

東京女子大

A 群に，各 3 種類の金属イオンを含む水溶液が示してある。下線で示した金属イオンのみを沈殿させる試薬を，**B** 群から 1 つ選べ。また，沈殿の化学式を書け。

A ①　Al^{3+}，<u>Fe^{2+}</u>，Zn^{2+}　　②　<u>Al^{3+}</u>，Ca^{2+}，Cu^{2+}

③　Fe^{3+}，Cu^{2+}，<u>Ba^{2+}</u>　　④　Al^{3+}，<u>Pb^{2+}</u>，Ba^{2+}

B (a)　NaOH　(b)　NH_3　(c)　HCl　(d)　H_2SO_4　(e)　H_2S　(f)　HNO_3

解説　① 過剰の NaOH 水溶液に，Al^{3+} と Zn^{2+} から生じる両性水酸化物は溶けるが，$Fe(OH)_2$ の沈殿は溶けない(最重要60－1，3)。

② 過剰のアンモニア水に Cu^{2+} は錯イオンとなって溶け，Al^{3+} は $Al(OH)_3$ となって沈殿する(最重要60－2)。Ca^{2+} はアンモニア水によって沈殿しない(最重要60－3)。

③ 希硫酸を加えると，$Ba^{2+} + SO_4^{2-} \longrightarrow BaSO_4\downarrow$ (最重要58－2)

④ 塩酸を加えると，$Pb^{2+} + 2Cl^- \longrightarrow PbCl_2\downarrow$ (最重要58－1)　硫化水素を通じると(酸性で)，$Pb^{2+} + S^{2-} \longrightarrow PbS\downarrow$ (最重要59－1)

答　① (a)，$Fe(OH)_2$　② (b)，$Al(OH)_3$

③ (d)，$BaSO_4$　④ (c)，$PbCl_2$ または(e)，PbS

入試問題例　塩の水溶液の反応

早稲田大 改

次の(1)～(3)に適する化合物を**ア**～**エ**より選び，下線の生成物を化学式で書け。

(1) 水溶液に希塩酸を加えても沈殿を生じないが，酸性で硫化水素を通じると黒色の<u>沈殿</u>を生じる。

ア　硫酸鉄(Ⅱ)　**イ**　硝酸銀　**ウ**　硫酸銅(Ⅱ)　**エ**　塩化亜鉛

(2) 水溶液にアンモニア水を加えると，褐色の沈殿を生じるが，過剰に加えると<u>錯イオン</u>を生じる。

ア　塩化鉄(Ⅲ)　**イ**　硝酸銀　**ウ**　硫酸銅(Ⅱ)　**エ**　塩化亜鉛

(3) 水溶液に過剰のアンモニア水を加えると白色の沈殿，また，塩化バリウム水溶液を加えても，白色の<u>沈殿</u>を生じる。

ア　硫酸鉄(Ⅱ)　**イ**　硝酸銀　**ウ**　硫酸銅(Ⅱ)　**エ**　硫酸アルミニウム

解説　(1) 希塩酸を加えて沈殿を生じないから，Ag^+ は含まない(最重要58－1)。酸性で硫化水素を通じて黒色沈殿を生じることから Cu^{2+} を含む(最重要59－1)。

(2) $Ag^+ \longrightarrow Ag_2O\downarrow$ (褐色) $\longrightarrow [Ag(NH_3)_2]^+$ ジアンミン銀(Ⅰ)イオン(最重要60－2)

(3) 過剰のアンモニア水を加えて沈殿を生じるのは，$Fe^{2+} \longrightarrow Fe(OH)_2\downarrow$，$Al^{3+} \longrightarrow Al(OH)_3\downarrow$ (最重要60) $Al(OH)_3$ が白色沈殿。塩化バリウムで生じる沈殿は $BaSO_4$ (最重要58－2)。

答　(1) **ウ**，CuS　(2) **イ**，$[Ag(NH_3)_2]^+$　(3) **エ**，$BaSO_4$

18 金属イオンの分離

金属イオンの分離は，次の**基本パターン**をつかんでおけばよい。

← p.84～89の沈殿反応を用いる。

〔金属イオンの分離の基本パターン〕

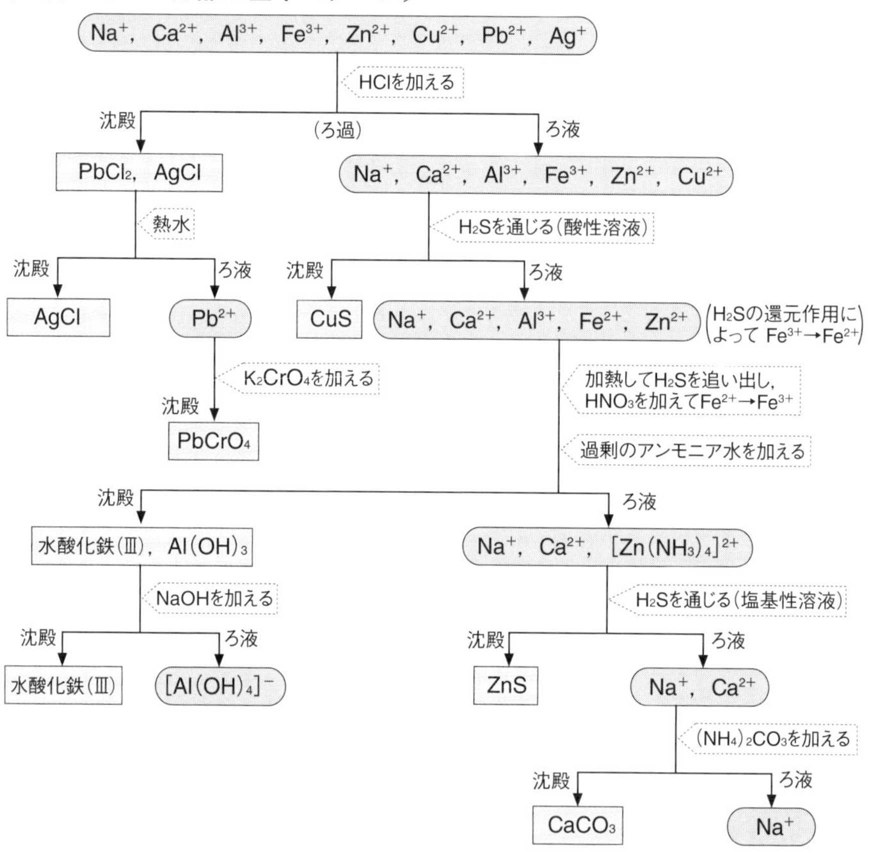

〔金属イオンの分離のポイント〕

加える試薬	分離する金属イオン	反応後の状態
HCl (塩酸)	Ag^+, Pb^{2+}	$AgCl\downarrow$ (白色沈殿) $PbCl_2\downarrow$ (白色沈殿)
H_2S (硫化水素)	常に(酸性でも)沈殿 Cu^{2+}, Pb^{2+}	$CuS\downarrow$ (黒色沈殿) $PbS\downarrow$ (黒色沈殿)
	塩基性で沈殿 Zn^{2+}, Fe^{2+}	$ZnS\downarrow$ (白色沈殿) $FeS\downarrow$ (黒色沈殿)
NaOH水溶液	Al^{3+}, Zn^{2+} と Fe^{3+}の分離	$[Al(OH)_4]^-$ (無色溶液) $[Zn(OH)_4]^{2-}$ (無色溶液)
		水酸化鉄(Ⅲ)$\downarrow$ (赤褐色沈殿)
アンモニア水	Al^{3+}とZn^{2+} の分離	$Al(OH)_3\downarrow$ (白色沈殿)
		$[Zn(NH_3)_4]^{2+}$ (無色溶液)
CO_3^{2-}	Ca^{2+}, Ba^{2+}	$CaCO_3\downarrow$ (白色沈殿) $BaCO_3\downarrow$ (白色沈殿)
SO_4^{2-}	Ba^{2+}	$BaSO_4\downarrow$ (白色沈殿)

入試問題例　金属イオンの分離　高知大改

次の文章を読んで，あとの各問いに答えよ。

(1) Na^{+}，Ag^{+}，Zn^{2+}，Ba^{2+}，Cu^{2+}，Fe^{3+}を含む硝酸塩水溶液がある。この溶液を用いて以下の実験操作を行った。**A**，**B**，**D**，**E**，**F**の化学式と**C**の物質名を答えよ。

〔**操作1**〕 これらの金属イオンを含む硝酸塩水溶液に塩酸を加えると，沈殿**A**が生じた。この沈殿**A**をろ過によって分離した。

〔**操作2**〕 沈殿**A**を分離した溶液は酸性であった。その水溶液に硫化水素を通すと，沈殿**B**が生じた。

〔**操作3**〕 沈殿**B**を分離した溶液を，煮沸により硫化水素を除いてから濃硝酸を加えて加熱し，さらにアンモニア水を過剰に加えると，沈殿**C**が生じた。

〔**操作4**〕 沈殿**C**を分離した溶液に硫化水素を吹き込むと，沈殿**D**が生じた。

〔**操作5**〕 沈殿**D**を分離した溶液に，炭酸アンモニウム水溶液を加えると，白色沈殿**E**を生じた。

〔**操作6**〕 沈殿**E**を分離した溶液には，金属イオン**F**が残存した。

(2) 沈殿**A**はアンモニア水を加えると溶解した。この反応を化学反応式で示せ。

(3) **操作3**で濃硝酸を加えた理由を簡潔に説明せよ。

解説　最重要61をおさえておけば答えられる。

(1) **A**；塩酸で分離できるのはAg^{+}

B；酸性溶液において硫化水素で分離できるのはCu^{2+}

C；アンモニア水を過剰に加えて沈殿するのは水酸化鉄(Ⅲ)

D；塩基性溶液において硫化水素で分離できるのはZn^{2+}

E；炭酸アンモニウム水溶液で分離できるのはBa^{2+}

(2) 最重要54－**3**参照

(3) 硝酸は酸化作用のある酸である。

答　(1) **A**；$AgCl$　**B**；CuS　**D**；ZnS　**E**；$BaCO_3$　**F**；Na^{+}　**C**；**水酸化鉄(Ⅲ)**

(2) $AgCl + 2NH_3 \longrightarrow [Ag(NH_3)_2]Cl$

(3) H_2S**によって還元された鉄イオンを酸化して**Fe^{3+}**にもどすため。**

19 金属イオンの検出

金属イオン(水溶液中)を推定するには，次の10項目の検出反応を確実におさえる。

1 **塩酸**を加えて**白色沈殿** ⇨ 沈殿は { **アンモニア水に溶ける** ⇨ Ag^{+} / **熱水に溶ける** ⇨ Pb^{2+} }

補足 希硫酸を加えて白色沈殿を生じたとあれば，Ba^{2+}の沈殿反応とみてよい。

2 { **NaOH水溶液** / **アンモニア水** } を加えて { **赤褐色沈殿** ⇨ Fe^{3+} / **褐色沈殿** ⇨ Ag^{+} / **青白色沈殿** ⇨ Cu^{2+} }

3 過剰の**アンモニア水**を加えて**深青色溶液** ⇨ Cu^{2+}

4 { **NaOH水溶液** / **アンモニア水** } を加えて**はじめ沈殿，過剰で溶ける** ⇨ Zn^{2+}

5 { **NaOH水溶液**を加えて**はじめ沈殿，過剰で溶ける** / **過剰のアンモニア水でも沈殿** } ⇨ Al^{3+}，Pb^{2+}

6 H_2Sを通じたとき { **白色沈殿** ⇨ Zn^{2+} ← 塩基性で沈殿。 / **黄色沈殿** ⇨ Cd^{2+} / **塩基性で黒色沈殿** ⇨ Fe^{2+} ← 酸性では沈殿しない。 / **酸性で黒色沈殿** ⇨ Pb^{2+}，Cu^{2+}，Ag^{+}，Hg^{2+} }

7 { $[Fe(CN)_6]^{3-}$ / $[Fe(CN)_6]^{4-}$ } を加えて**濃青色沈殿** { ⇨ Fe^{2+} / ⇨ Fe^{3+} } ← 「ヘキサ…，濃青色沈殿」とあれば鉄イオン。

8 **KSCN水溶液**を加えて**血赤色溶液** ⇨ Fe^{3+}

9 **K_2CrO_4水溶液**を加えて**黄色沈殿** ⇨ Pb^{2+}

10 **炎色反応**は次の3つ；**黄** ⇨ Na^{+}，**赤紫** ⇨ K^{+}，**橙赤** ⇨ Ca^{2+}

入試問題例 金属イオン(無機物質)の検出 福岡大

硫酸鉄(Ⅱ)，塩化鉄(Ⅲ)，硫酸銅(Ⅱ)，硝酸鉛(Ⅱ)，硝酸亜鉛，硫酸アルミニウム，硝酸銀の7種類の化合物のうち，いずれか1種類を含む0.1 mol/Lの水溶液A～Eがある。

〔**実験1**〕 A～Eの各2 mLを試験管にとり，それぞれに1 mol/Lのアンモニア水を加えると，Aでは①白色沈殿，Bでは②褐色沈殿，Cでは赤褐色沈殿，Dでは③青白色沈殿，Eでは④白色沈殿が生じた。

〔**実験2**〕 **実験1**の操作を行った各試験管に，さらに1 mol/Lのアンモニア水2 mLを加えてよく振ると，B，D，Eの沈殿は溶けて，Bは⑤無色の溶液，Dは⑥深青色の溶液，Eは無色の溶液になった。AとCの沈殿は溶けなかった。

〔**実験3**〕 **実験1**の操作を行った各試験管に，さらに1 mol/Lの水酸化ナトリウム水溶液を多量に加えてよく振ると，Aと⑦Eの沈殿は溶けて無色の溶液になった。B，C，Dの沈殿は溶けなかった。

〔**実験4**〕 A～Eの各1 mLを試験管にとり，それぞれに，1 mol/Lの塩酸を1～2滴加えると，AとBでは白色沈殿が生じた。これらに水10 mLおよび沸騰石を入れておだやかに加熱したところ，Aの沈殿のみが溶けた。

〔**実験5**〕 C，D，Eの各10 mLをビーカーにとり，それぞれに，1 mol/Lの塩酸約5 mLを加えて酸性にした。この溶液に1 mol/Lの硫化ナトリウム溶液を3滴加えたところ，CとEでは沈殿が生じなかったが，Dでは⑧黒色沈殿が生じた。

〔**実験6**〕 Cの2 mLを試験管にとり，0.1 mol/Lのヘキサシアニド鉄(Ⅱ)酸カリウム溶液を少量加えたところ，濃青色沈殿が生じた。

(1) 下線部①，②，③，④，⑧の沈殿の化学式を示せ。
(2) 下線部⑤および⑥の溶液中に存在する錯イオンの化学式を示せ。
(3) 下線部⑦の反応を化学反応式で示せ。

解説 最重要62より，A～E中の金属イオンがわかる。(　)内は最重要62の項目番号。

(1) Aは，**実験2**でアンモニア水で沈殿が溶けず，**実験3**のNaOH水溶液の反応から両性金属の金属イオンであり，Pb^{2+}かAl^{3+}(5)。**実験4**の反応からPb^{2+}(1)。よって，①は$Pb(OH)_2$。Bは，**実験1**の褐色沈殿(2)と**実験2**で沈殿が溶けることからAg^+。②はAg_2O。CとDは，**実験1**の沈殿の色からそれぞれFe^{3+}，Cu^{2+}とわかり(2)，以下の実験で確認。よって，Cの赤褐色沈殿は水酸化鉄(Ⅲ)であり，③は$Cu(OH)_2$である。また，⑧はCuS。Eは，**実験2**で沈殿が溶けて，**実験3**のNaOH水溶液の反応から両性金属の金属イオンであるからZn^{2+}(4)。よって，④は$Zn(OH)_2$である。なお，**実験6**はC(Fe^{3+})の確認の実験である(7)。

(2) ⑤，⑥は，Ag_2O，$Cu(OH)_2$から得られるアンミン錯イオン(最重要60－2)。

答 (1) ① $Pb(OH)_2$　② Ag_2O　③ $Cu(OH)_2$　④ $Zn(OH)_2$　⑧ CuS
(2) ⑤ $[Ag(NH_3)_2]^+$　⑥ $[Cu(NH_3)_4]^{2+}$
(3) $Zn(OH)_2 + 2NaOH \longrightarrow Na_2[Zn(OH)_4]$

20 金属の製法

最重要 63 金属の製法は，イオン化列を基準にして原理を理解する。

← イオン化傾向の大きい金属ほど遊離（還元）しにくい。

1 K，Ca，Na，Mg，Al ⇨ 溶融塩電解による還元。

解説 ▶イオン化傾向の大きいこれらの金属は，還元力が強いため，電気分解によってはじめて遊離する。

▶酸化物や塩化物の結晶を加熱融解して，電気分解によって還元する。

← 水溶液ではない。

2 Zn，Fe，Sn，Pb ⇨ コークス(C)またはCOによる還元。

← これらはイオン化傾向が 1 に次いで大きい金属。

解説 硫化物などを酸化物とし，コークスとともに加熱し，CやCOによる還元作用によって遊離する。

3 Cu，Ag ⇨ 硫化物を強熱して還元。

← これらはイオン化傾向が小さい。

解説 Cuは鉱石を硫化物とし，Agは硫化物である鉱石を，それぞれ強熱して還元する。

Alの製法は，ボーキサイト ⇨ Al_2O_3 ⇨ 溶融塩電解

1 ボーキサイトを濃NaOH水溶液に入れ，加熱してAl_2O_3とする。

解説 ボーキサイト（主成分$Al_2O_3 \cdot nH_2O$）を濃NaOH水溶液に入れて$Al(OH)_3$の沈殿を取り出し，加熱してAl_2O_3とする。

（Al_2O_3：アルミナともいう。）

2 Al_2O_3に氷晶石を加えて溶融塩電解する。

（溶融塩電解：融解塩電解ともいう。）

解説 氷晶石Na_3AlF_6を加えることによって，Al_2O_3の高い融点（2054℃）を下げる（約1000℃まで）。

3 溶融塩電解；Al_2O_3と氷晶石の混合物を融解状態で電気分解。

$$Al_2O_3 \longrightarrow 2Al^{3+} + 3O^{2-}$$ ⇨

- 陰極；$Al^{3+} + 3e^- \longrightarrow Al$
- 陽極（C極）；$O^{2-} + C \longrightarrow CO + 2e^-$
  （または$2O^{2-} + C \longrightarrow CO_2 + 4e^-$）

入試問題例　溶融塩電解　弘前大

Na，Mg，Alなどは，〔 (a) 〕がきわめて大きいので，その水溶液を電気分解しても，陰極では〔 (b) 〕が発生するだけで金属の単体は析出しない。これらを得るには，その無水物の化合物を高温にして，融解状態で電気分解する。Alの単体は，ボーキサイトからAl_2O_3をつくり，これを〔 (c) 〕とともに融解し，炭素を電極として電気分解して製造する。

(1) 文中の(a)〜(c)に語句を入れよ。

(2) Alの電気分解の全体反応は，$2Al_2O_3 + 3C \longrightarrow 4Al + 3CO_2$で表される。陰極・陽極で起こる変化を，それぞれ$e^-$を用いた反応式で表せ。

解説 (1) (a) いずれもイオン化傾向が大きい。

(b) 水溶液の陰極では，金属が析出しないで，H_2が発生する。← H_2Oが分解する。

(c) 氷晶石は融解温度を下げる（最重要64－2）。

(2) 陰極ではAl^{3+}が電子を受け取ってAlとなり，陽極ではO^{2-}が電子を失ってOとなり，さらに，炭素極が反応して全体の式に記されたCO_2となる（最重要64－3）。（CO_2：COの場合もある。）

答 (1) (a) **イオン化傾向**　(b) **水素**　(c) **氷晶石**

(2) 陰極：$Al^{3+} + 3e^- \longrightarrow Al$　陽極：$2O^{2-} + C \longrightarrow CO_2 + 4e^-$

最重要 65

鉄の製法では，その反応とともに銑鉄と鋼にも着目する。

1 溶鉱炉に鉄鉱石・コークス・石灰石を入れ，熱風を送る ⇨ 銑鉄

（溶鉱炉：高炉ともいう。コークス：C　石灰石：$CaCO_3$）

解説 ▶**鉄鉱石 ⇨ 赤鉄鉱 Fe_2O_3，磁鉄鉱 Fe_3O_4**

〔溶鉱炉内の反応〕

コークスが燃えて，$C + O_2 \longrightarrow CO_2$ ⇨ $CO_2 + C \longrightarrow 2CO$

$3Fe_2O_3 + CO \longrightarrow 2Fe_3O_4 + CO_2$ ⇨ $Fe_3O_4 + CO \longrightarrow 3FeO + CO_2$

⇨ $FeO + CO \longrightarrow Fe + CO_2$

まとめると，$Fe_2O_3 + 3CO \longrightarrow 2Fe + 3CO_2$

▶溶鉱炉から得られた鉄は**銑鉄**で，**炭素が約4%**のほか，ケイ素や硫黄などの不純物を含む。⇨ 硬くて，もろい。鋳物に利用。

2 転炉に銑鉄を移し，酸素を吹き込む ⇨ 鋼

解説 転炉から得られた鉄は**鋼**で，銑鉄から炭素の含量を減らし，不純物を除いたもの。

⇨ 硬くて，弾力性に富み，強じん。レールや建築材料に利用。

⇨ 鋼の炭素は0.02～2%で，炭素の含量の違いと熱処理の違いによって性質の異なる鋼となる。

例題 銑鉄と鋼

次の記述①～⑥は，「銑鉄」，「鋼」，両方に「共通」のどれにあてはまるか。

① 炭素が約4%含まれる。　② 鉄骨やレールに用いる。

③ 溶鉱炉から得られた鉄。　④ 弾力性がある。

⑤ 塩酸を加えると水素を発生する。　⑥ 転炉から取り出した鉄。

解説 ①，③ 溶鉱炉から得られた鉄は銑鉄で，炭素の含量が約4%と多い。

②，④，⑥ 銑鉄を転炉に移して炭素分を少なくした鉄が鋼で，弾力性があり，強じんで，鉄骨やレールに用いる。

⑤ どちらも鉄と塩酸が反応して水素を発生する。

答 **① 銑鉄　② 鋼　③ 銑鉄　④ 鋼　⑤ 共通　⑥ 鋼**

入試問題例　鉄の製法　熊本大

鉄は鉄鉱石とコークス，石灰石を原料として溶鉱炉で鉄鉱石を還元することにより製造される。溶鉱炉中では，コークスから生じた［①］が赤鉄鉱の主成分であるFe_2O_3を鉄に還元する反応が起こっている。ここで得られた鉄は［②］を約3.5％以上含むため，もろくて延性や展性に乏しく，［③］とよばれている。融解した［③］に空気や酸素を吹き込んで燃焼させ，［②］の量を0.02~2％程度に減少させると機械的強度に優れた［④］が得られる。鉄鉱石中のおもな不純物として含まれているケイ砂は石灰石と反応してケイ酸カルシウムとなって取り除かれる。

(1) 上の文中の①～④に適切な語句を記せ。

(2) 下線部について，製鉄の過程で起こる化学反応式を２つ記せ。

(3) Fe_2O_3の含有率が95％の赤鉄鉱から鉄1tを製造するには，何tの赤鉄鉱が必要か。
原子量；O＝16，Fe＝56

解説 (1) ① **最重要65－1**より，コークスが燃えて，$C \longrightarrow CO_2 \longrightarrow CO$の順で一酸化炭素が生成する。
②，③ **最重要65－1**参照　④ **最重要65－2**参照

(2) **最重要65－1**参照。還元反応の化学反応式は，中間生成物のFe_3O_4，FeOを消去して，式をまとめる。

(3) $Fe_2O_3 + 3CO \longrightarrow 2Fe + 3CO_2$　この化学反応式の係数より，Fe_2O_3 1molから鉄2molが生成する。必要な赤鉄鉱をx〔t〕とすると，含有率が95％であることに留意して，

$$\frac{1.0 \times 10^6 x \times 0.95}{160} \times 2 = \frac{1.0 \times 10^6}{56} \quad \therefore \quad x \fallingdotseq 1.5\,\mathrm{t}$$

答 (1) ① **一酸化炭素**　② **炭素**　③ **銑鉄**　④ **鋼**

(2) $C + CO_2 \longrightarrow 2CO$（または$2C + O_2 \longrightarrow 2CO$），
$Fe_2O_3 + 3CO \longrightarrow 2Fe + 3CO_2$

(3) **1.5t**

最重要 66

銅の製法は，次の経路における電解精錬がポイント。溶鉱炉 → 転炉 → 電解精錬

1 銅鉱石から溶鉱炉・転炉によって粗銅とする。

解説 銅鉱石はおもに**黄銅鉱**$CuFeS_2$で，溶鉱炉で硫化銅（Ⅰ）Cu_2Sとし，転炉に移して熱風を送って銅とする。この銅は不純物を含み，純度が99.4％程度で，**粗銅**という。
（不純物：Fe，Ni，Ag，Auなど。）

2 電解精錬；粗銅を純銅とする。

解説 ▶硫酸銅（Ⅱ）水溶液中に（硫酸酸性。），**粗銅を陽極**，純銅を陰極として電気分解する。陰極では純度が99.99％以上の**純銅が析出**する。

陽極：$Cu \longrightarrow Cu^{2+} + 2e^-$
陰極：$Cu^{2+} + 2e^- \longrightarrow Cu$

▶不純物Fe，Ni，Ag，Auのうち，イオン化傾向がCuより大きいものはイオンとなって溶け，小さいものは沈殿 ⇨ **陽極泥**

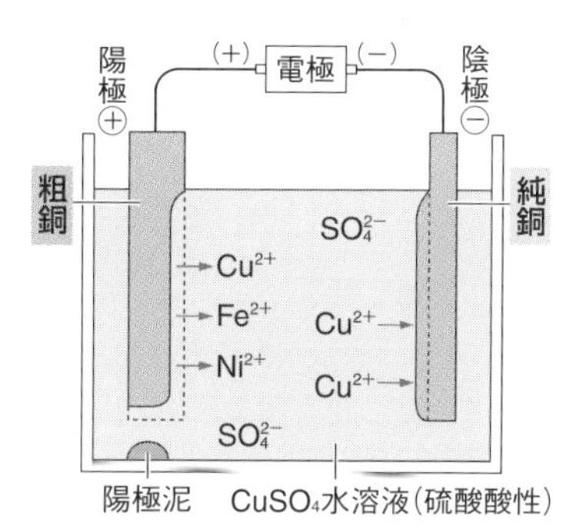

入試問題例 銅の製法 星薬大改

銅は，黄銅鉱を溶鉱炉や転炉で空気を吹き込みながら加熱して得られるが，この銅は［①］とよばれ，さらに純度の高い銅を得るために［①］と純銅を電極とした［②］が行われる。［②］によって不純物の一部は［③］となって沈殿する。

(1) 上の文中の①～③に適切な語句を記せ。

(2) 次のア～オの金属のうち，③に含まれるものを2つ選べ。

ア Fe　イ Ni　ウ Zn　エ Ag　オ Au

(3) 銅の②において，1時間に50gの純銅を得るには何Aの電流を流せばよいか。
ファラデー定数；$F = 9.65 \times 10^4$ C/mol，原子量；Cu = 63.5

解説 (2) 最重要66−2より，イオン化傾向がCuより大きいFe，Ni，Znは溶けて溶液中に存在するが，イオン化傾向がCuより小さいAg，Auは陽極泥として沈殿する。

(3) 最重要66−2より，陰極でのイオン反応式の係数から，電子2molが流れると1molの純銅が得られることがわかる。必要な電流をx〔A〕とすると，

$$\frac{x \times 60 \times 60}{9.65 \times 10^4} = \frac{50}{63.5} \times 2 \qquad \therefore \quad x \fallingdotseq 42\,\text{A}$$

答 (1) ① **粗銅**　② **電解精錬**　③ **陽極泥**
(2) **エ，オ**　(3) **42 A**

入試問題例　金属元素の総合問題　名古屋市大改

次の①～⑥の文章は，それぞれ金属元素**A**～**F**について説明したものであり，元素**A**～**F**は原子番号1から54のいずれかの元素である。以下の問いに答えよ。

① 元素**A**は人類が最も古くから利用している金属のひとつである。青銅はこの元素と銅との合金であり，無鉛はんだはこの元素と銀，銅との合金である。この元素の単体は室温では展性，延性に富む金属であり，**a** 酸とも強塩基とも反応する性質をもっている。

② 元素**B**の単体は，すべての金属の単体のなかで電気伝導性と熱伝導性が最大である。この元素の1価陽イオンを含む水溶液に臭化物イオンを加えると，写真フィルムの感光剤として用いられる淡黄色の沈殿が生じる。

③ 元素**C**は遷移金属元素であり，単体は灰白色で光沢がある。2価陽イオンと3価陽イオンの水溶液それぞれにアンモニア水を加えると，緑白色沈殿，赤褐色沈殿が生じる。

④ 元素**D**は第4周期元素である。この元素の水酸化物の水溶液に二酸化炭素を通すと白色沈殿が生じ，**b** さらに二酸化炭素を通していくと白色沈殿は溶解する。最初に生じた白色沈殿を焼いて得られる酸化物は紀元前から建築材料に利用されていた。

⑤ 元素**E**は価電子を1個もち，常温の水と激しく反応して水素を発生し，水酸化物になる。この元素の化合物の水溶液を炎の中に入れると，黄色の炎色反応を示す。

⑥ 元素**F**は地殻に最も多く存在する金属元素であり，雲母や粘土を構成する元素である。この元素の単体は銀白色の軽金属で，常温の水とほとんど反応しない。

(1) 元素**A**～**F**の元素記号を記せ。

(2) 下線部**a**で示した性質をもつ金属を一般に何とよぶか。また，そのような性質をもつ金属を，元素**A**以外に元素記号で2つ記せ。

(3) 下線部**b**で示した反応を，化学反応式で記せ。

解説 (1) **A**；最重要50－5より，青銅はCuとSnの合金である。また，最重要46－5より，無鉛はんだはAg，CuとSnの合金である。

B；最重要53－1より，銀は電気，熱の伝導性が最大。また，Ag^+にBr^-を加えると，AgBrの淡黄色の沈殿が生じる(最重要54－1)。

C；最重要48より，緑白色沈殿は$Fe(OH)_2$，赤褐色沈殿は水酸化鉄(Ⅲ)である。

D；最重要37－3より，$Ca(OH)_2$にCO_2を通すと$CaCO_3$の沈殿が生じ，さらにCO_2を通すと$Ca(HCO_3)_2$となり，沈殿が溶解する。

E；最重要32－2より，アルカリ金属の単体は，常温の水と激しく反応する。また，Naは黄色の炎色反応を示す(最重要32－3，最重要36)。

F；Alは銀白色の軽金属(密度が$4\,g/cm^3$以下の金属)である。また最重要39－2より，Alは高温の水蒸気と反応する。

(2) 最重要40－3参照　(3) 最重要37－3参照

答 (1) **A**；Sn　**B**；Ag　**C**；Fe　**D**；Ca　**E**；Na　**F**；Al

(2) [名称]**両性金属**　[元素記号]Al，Znなど

(3) $CaCO_3 + CO_2 + H_2O \longrightarrow Ca(HCO_3)_2$

21 セラミックス

解説 **セラミックス**；金属以外の無機物を高温に熱してつくられた固体材料。
例 ガラス，陶磁器，セメント，ファインセラミックス
← 生体への適合性などすぐれた性能をもつ。

ガラスはおもに4種類をおさえておこう。

1 **ガラスの構造**；SiO_2の四面体構造の中にNa^+やCa^{2+}が入りこんだ不規則な構造。**非晶質(アモルファス)**に分類される。

⇨ **決まった融点をもたない**。

2 **ガラスの種類**

種 類	主原料	特 徴	用 途
ソーダ石灰ガラス	SiO_2，Na_2O など	とけやすく，安価	窓ガラス ガラスびん
鉛ガラス	SiO_2，PbO など	光の屈折率が大きく，放射線を遮る	光学レンズ X線遮蔽材料
ホウケイ酸ガラス	SiO_2，B_2O_3 など	耐熱性・耐薬品性に優れる	理化学器具
石英ガラス	SiO_2	光をよく通し，薬品・熱に強い	プリズム 光ファイバー

入試問題例 **ガラス** 鳥取大

次の文を読み，文中の①～④に適当な語句を答えよ。

14族元素であるケイ素は，地殻中に酸素の次に多く存在する元素である。（ ① ）は，ガラスの原料であるケイ砂の主成分である。（ ② ）はケイ砂のほかに炭酸ナトリウムと石灰石からつくられ，おもに板ガラスとして使用されている。（ ③ ）は，ケイ砂とホウ素化合物がおもな原料である。これは熱や薬品に対して安定なので，理化学器具に用いられている。（ ④ ）は，（ ① ）だけでできており，光ファイバーなどに用いられている。

解説 最重要67をおさえていれば，簡単に解答することができる。

答 ① 二酸化ケイ素　② ソーダ石灰ガラス　③ ホウケイ酸ガラス
④ 石英ガラス

陶磁器は製作工程と3つの種類が重要。

1 **陶磁器**；粘土，陶土(良質な粘土)のほか，石英，長石の粉を混ぜたものを高温で焼き固めたもの。

2 **陶磁器の製作工程**；**成形→乾燥→素焼き→本焼き**

解説 ▶**素焼き**；釉薬(うわぐすり)をかけず，低温(約700～900℃)で焼く。
▶**本焼き**；釉薬(うわぐすり)をかけて，高温(約1100～1500℃)で焼く。

3 **陶磁器の種類**；原料や焼成温度の違いにより，**土器，陶器，磁器**に分けられる。

種類	主原料	焼成温度〔℃〕	強度	吸水性	用途
土器	粘土	700~1000	劣る	大	瓦 植木鉢
陶器	陶土，石英	1150~1300	中間	小	食器 タイル
磁器	陶土，石英，長石	1300~1450	優れる	なし	高級食器 工芸品

セメントはポルトランドセメントと，コンクリート，モルタルの違いをおさえておこう。

1 セメントとは一般的に**ポルトランドセメント**をさす。

解説 石灰石と粘土の混合物を熱したものにセッコウを加えて粉砕すると得られる。

2 **セメント＋砂＋砂利** ──水で練って固化する。→ **コンクリート**

3 **セメント＋砂** ──水で練って固化する。→ **モルタル**

砂利が入っているかいないかの違い。

22 重要実験操作

蒸留装置では，次の 4 点に着目する。

1 **温度計の位置** ⇨ 温度計の**球部を枝つきフラスコの枝口**とする。

解説 液体の温度を測るのではなく，蒸気の温度を測る。

2 リービッヒ冷却器に流す **水の方向** ⇨ 冷却器の**下から上へ**流す。

解説 上から下へ流すと，水は冷却器の下側を流れ，蒸気の通るガラス管が冷えない。

3 **アダプター** と三角フラスコの間をゴム栓などで **密封しない**。

解説 密封すると，気体の出口がなくなり，容器が割れる危険性がある。

4 **沸騰石** を入れる ⇨ **突沸を防ぐ**。

解説 素焼きの小片など多孔質の固体で，沸騰がスムーズに行われる。

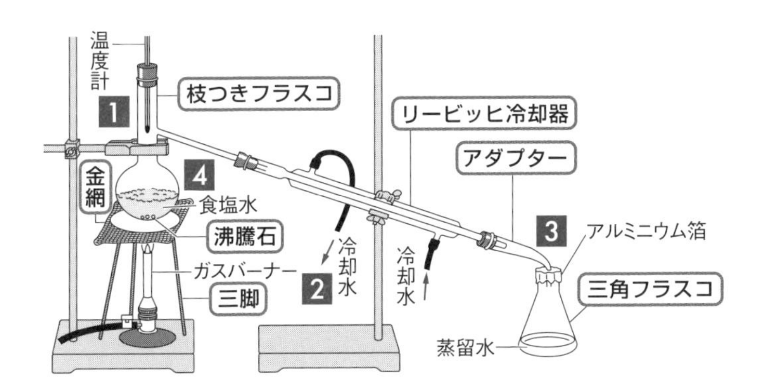

ろ過の操作では，次の2点に着目する。

1 **溶液を伝わらせる** **ガラス棒** を用いる。ガラス棒の**下端はろ紙の重なったところ**にあてる。

解説 ろうとに入れる溶液をこぼさないようにするため。

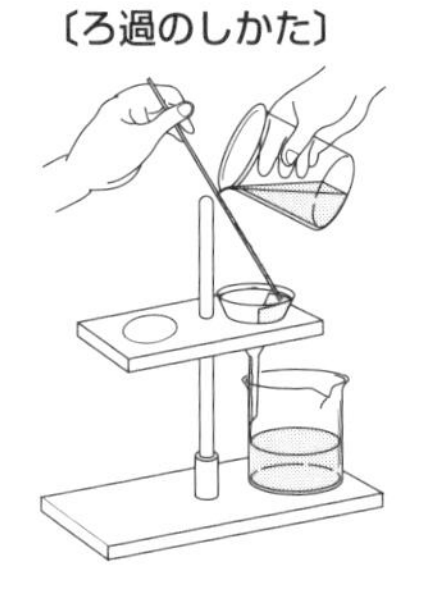
〔ろ過のしかた〕

2 **ろうとの脚** は，ろ液を受け取る**ビーカーの側壁に接触**させる。

解説 ろ液がスムーズに流れ，また，飛び散らないようにするため。

気体の発生の実験で，加熱しない場合は，次の3つをおさえる。

1 **ふたまた試験管** ⇨ **凹部のある側のガラス管に固体**を入れる。

解説 液体を少しずつ固体側に入れて，気体を発生させる。

2 **三角フラスコ**と**滴下ろうと** ⇨ ふたまた試験管より多くの気体が発生する。

解説 三角フラスコ内の固体に，滴下ろうとから液体を滴下する。

3 キップの装置 ⇨ 任意に気体を発生・停止させることができる。

粉末状は不適当。

解説 塊状または粒状の固体試料を中央の球部に入れ，上部の注入口から液体試料を入れる。コックの開閉により，気体を発生・停止させることができる。

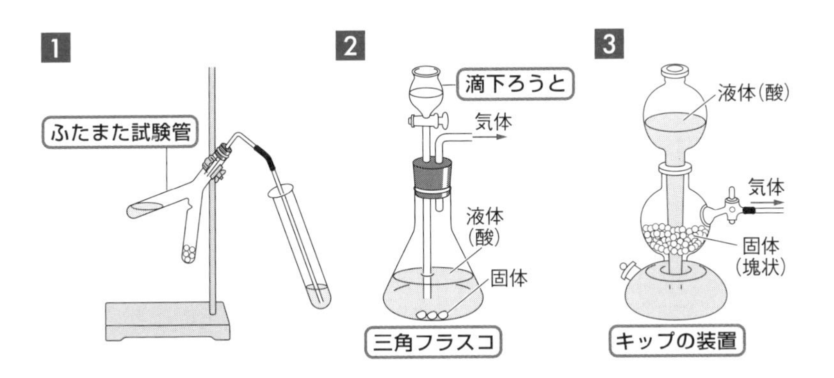

気体の発生の実験で，加熱する場合は，次の 2 つをおさえる。

1 固体試料を試験管で加熱する場合 ⇨ 試験管の **底部を高く** する(⇨ p.27, 43)。

解説 生じる水分が冷却され，試験管の底にたまり，試験管が割れるのを防ぐため。

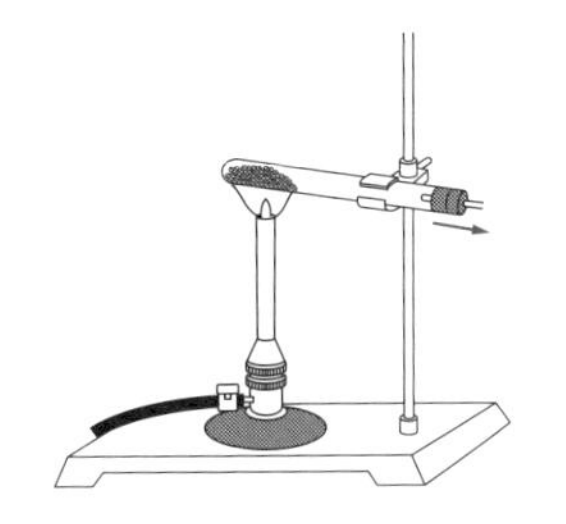

2 液体試料(液体＋固体)を加熱する場合

- **試験管** ⇨ 炎の上で，**軽く振り**ながら **おだやかに加熱**。
  突沸しないように注意。
- **丸底フラスコ** ⇨ **金網**を用いて **おだやかに加熱**。
  強く加熱する場合は沸騰石を用いる。

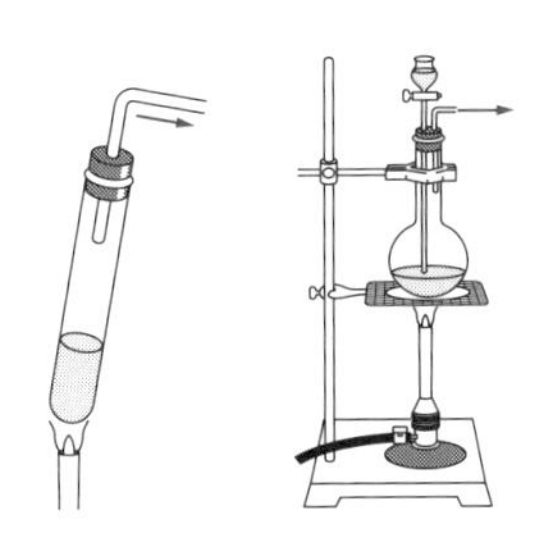

薬品の保存のしかたは次の4点をおさえること。

1 フッ化水素酸は **ポリエチレンのびん** に保存する。

解説 フッ化水素酸はガラスを腐食する。

2 硝酸や硝酸銀は **褐色のびん** に保存する。

解説 硝酸や硝酸銀は光や熱で分解しやすい。

3 黄リンは **水中** に保存する。

解説 黄リンは空気中で自然発火する。

4 アルカリ金属の単体は **石油中** に保存する。

解説 アルカリ金属の単体は空気中ですぐに酸化されてしまううえ，水とも激しく反応する。

入試問題例 化学薬品の保存方法 センター試験

化学薬品の性質とその保存方法に関する記述として誤りを含むものを，次の①～⑤のうちから1つ選べ。

① フッ化水素酸はガラスを腐食するため，ポリエチレンのびんに保存する。
② 水酸化ナトリウムは潮解するため，密閉して保存する。
③ ナトリウムは空気中の酸素や水と反応するため，エタノール中に保存する。
④ 黄リンは空気中で自然発火するため，水中に保存する。
⑤ 濃硝酸は光で分解するため，褐色のびんに保存する。

解説 ① 最重要74－**1**参照

② 最重要34－**3**より，水酸化ナトリウムは潮解性があるので，空気に触れないように密閉して保存する。

③ 最重要74－**4**より，ナトリウムなどのアルカリ金属の単体は石油中に保存する。石油は空気を遮断する。

④ 最重要74－**3**参照

⑤ 最重要74－**2**参照

答 ③

入試問題例　気体の発生と捕集　北海道大

次の①～⑤は，実験室で気体を発生させるときに必要な試薬の組み合わせを示す。

① 塩化ナトリウムと9 mol/Lの硫酸水溶液
② 塩化アンモニウムと水酸化カルシウム
③ 亜鉛と希硫酸
④ 硫化鉄(Ⅱ)と希硫酸
⑤ 銅と濃硫酸

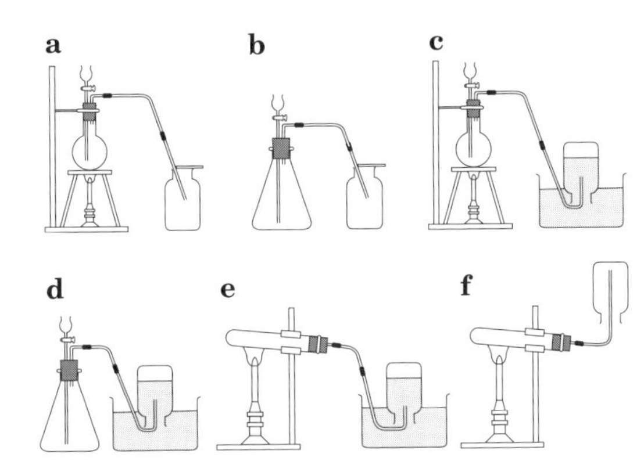

右図は，気体の発生および捕集に必要な装置の概略を示したものである。①～⑤の試薬の組み合わせによる気体の発生および捕集に最も適切な装置を選び，記号で答えよ。また，発生する気体を化学式で示せ。

解説 最重要28，29，30および73をおさえていれば解答できる。

① 固体と液体を加熱。$NaCl + H_2SO_4 \longrightarrow NaHSO_4 + HCl\uparrow$
　HClは水に溶けやすく，空気より重い気体であり，下方置換で捕集する。

② 固体どうしの加熱。$2NH_4Cl + Ca(OH)_2 \longrightarrow CaCl_2 + 2H_2O + 2NH_3\uparrow$
　NH_3は水に溶けやすく，空気より軽い気体であり，上方置換で捕集する。

③ 固体と液体で加熱しない。$Zn + H_2SO_4 \longrightarrow ZnSO_4 + H_2\uparrow$
　H_2は水に溶けにくい気体であり，水上置換で捕集する。

④ 固体と液体で加熱しない。$FeS + H_2SO_4 \longrightarrow FeSO_4 + H_2S\uparrow$
　H_2Sは水に溶け，空気より重い気体であり，下方置換で捕集する。

⑤ 固体と液体を加熱。$Cu + 2H_2SO_4 \longrightarrow CuSO_4 + 2H_2O + SO_2\uparrow$
　SO_2は水に溶け，空気より重い気体であり，下方置換で捕集する。

答 ① **a**，HCl　② **f**，NH_3　③ **d**，H_2　④ **b**，H_2S　⑤ **a**，SO_2

索引

な行

は行

ま行

や行

ら行

□ 編集協力　向井勇揮
□ 本文デザイン　二ノ宮 匡（ニクスインク）
□ 図版作成　㈲デザインスタジオエキス．藤立育弘

シグマベスト
大学入試
無機化学の最重要知識
スピードチェック

著　者　目良誠二
発行者　益井英郎
印刷所　中村印刷株式会社
発行所　株式会社文英堂
〒601-8121　京都市南区上鳥羽大物町28
〒162-0832　東京都新宿区岩戸町17
(代表)03-3269-4231

●落丁・乱丁はおとりかえします。

付録

よく出る化学反応式(無機物質編)

1 分解反応

1 O_2の発生(製法)

$2H_2O_2 \longrightarrow 2H_2O + O_2\uparrow$ (触媒MnO_2を加える)

2 N_2の発生(製法)

$NH_4NO_2 \longrightarrow 2H_2O + N_2\uparrow$ (亜硝酸アンモニウムの結晶を加熱)

3 炭酸塩の分解 強熱すると，金属酸化物とCO_2を生成。

$CaCO_3 \longrightarrow CaO + CO_2\uparrow$ (⇨最重要37－1)

$ZnCO_3 \longrightarrow ZnO + CO_2\uparrow$

4 炭酸水素塩の分解 加熱すると，炭酸塩，H_2O，CO_2が生成。

$2NaHCO_3 \longrightarrow Na_2CO_3 + H_2O + CO_2\uparrow$ (⇨33)

$Ca(HCO_3)_2 \longrightarrow CaCO_3\downarrow + H_2O + CO_2\uparrow$ (⇨37－3)

注 沈殿している$CaCO_3$にCO_2を吹き込むと，反応して沈殿が溶ける。
$CaCO_3 + CO_2 + H_2O \longrightarrow Ca(HCO_3)_2$

5 水酸化物の分解 強熱すると，金属酸化物とH_2Oが生成。

$2Al(OH)_3 \longrightarrow Al_2O_3 + 3H_2O$ (⇨64－1)

$Cu(OH)_2 \longrightarrow CuO + H_2O$ (⇨52－1)

2 中和反応

1 酸と塩基の反応

$HCl + NaOH \longrightarrow NaCl + H_2O$

$$\begin{cases} H_2SO_4 + NaOH \longrightarrow NaHSO_4 + H_2O \\ H_2SO_4 + 2NaOH \longrightarrow Na_2SO_4 + 2H_2O \end{cases}$$

$NH_3 + HCl \longrightarrow NH_4Cl$

2 酸性酸化物(非金属元素の酸化物)と塩基の反応

(⇨10－2)

$$CO_2 + Ca(OH)_2 \longrightarrow CaCO_3 \downarrow + H_2O$$

$$SO_2 + 2NaOH \longrightarrow Na_2SO_3 + H_2O$$

注 酸性酸化物を水に溶かすと，酸(オキソ酸)が生じる。

$SO_3 + H_2O \longrightarrow H_2SO_4$　　$P_4O_{10} + 6H_2O \longrightarrow 4H_3PO_4$

注 CO，NOは水に溶けにくく，塩基と中和反応をしないから，酸性酸化物ではない。

3 塩基性酸化物(金属元素の酸化物)と酸の反応

(⇨10－3)

$$CaO + 2HCl \longrightarrow CaCl_2 + H_2O$$

$$CuO + H_2SO_4 \longrightarrow CuSO_4 + H_2O$$

注 Na，K，Ca，Baの酸化物を水に溶かすと，塩基が生じる。

$Na_2O + H_2O \longrightarrow 2NaOH$　　$CaO + H_2O \longrightarrow Ca(OH)_2$

4 両性酸化物・両性水酸化物と，酸・強塩基の反応

(⇨43)

$$\begin{cases} Al_2O_3 + 6HCl \longrightarrow 2AlCl_3 + 3H_2O \\ Al_2O_3 + 2NaOH + 3H_2O \longrightarrow 2Na[Al(OH)_4] \end{cases}$$

テトラヒドロキシドアルミン酸ナトリウム

$$\begin{cases} Al(OH)_3 + 3HCl \longrightarrow AlCl_3 + 3H_2O \\ Al(OH)_3 + NaOH \longrightarrow Na[Al(OH)_4] \end{cases}$$

3 塩の反応

1 塩と酸・塩基の反応

① 弱酸・弱塩基が生成する場合

〔弱酸からなる塩〕＋〔強酸〕→〔強酸からなる塩〕＋〔弱酸〕

$$CH_3COONa + HCl \longrightarrow NaCl + CH_3COOH$$

〔弱塩基からなる塩〕＋〔強塩基〕→〔強塩基からなる塩〕＋〔弱塩基〕

$$2NH_4Cl + Ca(OH)_2 \longrightarrow CaCl_2 + \overbrace{2NH_3 + 2H_2O}$$

注 次のCO_2，SO_2，H_2S，Cl_2の製法も，「弱酸からなる塩」+「強酸」による反応である。

$CaCO_3 + 2HCl \longrightarrow CaCl_2 + H_2O + CO_2 \uparrow$　(⇨37－4)

$(H_2CO_3 \longrightarrow H_2O + CO_2)$

$2NaHSO_3 + H_2SO_4 \longrightarrow Na_2SO_4 + 2H_2O + 2SO_2 \uparrow$　(⇨12－1)

$(H_2SO_3 \longrightarrow H_2O + SO_2)$

$FeS + H_2SO_4 \longrightarrow FeSO_4 + H_2S \uparrow$　(⇨12－2)

$CaCl(ClO)\cdot H_2O + 2HCl \longrightarrow CaCl_2 + 2H_2O + Cl_2 \uparrow$　(⇨7－2)

② 気体が発生する場合

〔揮発性の酸の塩〕＋〔不揮発性の酸〕→〔不揮発性の酸の塩〕＋〔揮発性の酸〕

$$NaCl + H_2SO_4 \xrightarrow{加熱} NaHSO_4 + HCl\uparrow$$ （⇨9－1）

注 濃硫酸は不揮発性の強酸，塩酸は揮発性の強酸である。次の例も同様で，それぞれ，実験室におけるHNO_3，HFの製法である。

$NaNO_3 + H_2SO_4 \longrightarrow NaHSO_4 + HNO_3$ （⇨15－1）

$CaF_2 + H_2SO_4 \longrightarrow CaSO_4 + 2HF\uparrow$ （⇨8－3）

③ 沈殿が生成する場合

$AgNO_3 + HCl \longrightarrow AgCl\downarrow + HNO_3$ （ハロゲン化銀の沈殿） （⇨54－1）

$BaCl_2 + H_2SO_4 \longrightarrow BaSO_4\downarrow + 2HCl$ （アルカリ土類金属の硫酸塩の沈殿） （⇨35－2）

$FeCl_3 + 3NaOH \longrightarrow$ 水酸化鉄(Ⅲ)$\downarrow$（赤褐色沈殿）$+ 3NaCl$ （⇨48）

2 塩と塩の水溶液の反応

① 沈殿が生成する場合

$NaCl + AgNO_3 \longrightarrow AgCl\downarrow + NaNO_3$ （ハロゲン化銀の沈殿） （⇨54－1）

$CuSO_4 + BaCl_2 \longrightarrow BaSO_4\downarrow + CuCl_2$ （アルカリ土類金属の硫酸塩の沈殿） （⇨35－2）

$Na_2CO_3 + CaCl_2 \longrightarrow CaCO_3\downarrow + 2NaCl$ （⇨58－3）

② 錯イオンが生成する場合

$AgBr + 2Na_2S_2O_3 \longrightarrow Na_3[Ag(S_2O_3)_2] + NaBr$ （⇨54－3）

$Na_3[Ag(S_2O_3)_2]$：ビス(チオスルファト)銀(Ⅰ)酸ナトリウム

注 そのほか錯イオンが生成する反応としては，次のようなものがある。

$Cu(OH)_2 + 4NH_3 \longrightarrow [Cu(NH_3)_4]^{2+} + 2OH^-$ （⇨52－2）

テトラアンミン銅(Ⅱ)イオン[深青色]

$Zn(OH)_2 + 4NH_3 \longrightarrow [Zn(NH_3)_4]^{2+} + 2OH^-$ （⇨44－2）

テトラアンミン亜鉛(Ⅱ)イオン[無色]

$AgCl + 2NH_3 \longrightarrow [Ag(NH_3)_2]^+ + Cl^-$ （⇨54－3）

ジアンミン銀(Ⅰ)イオン[無色]

4 単体の反応

1 金属と水の反応

(⇨39−2)

$2Na + 2H_2O$ (冷水) $\longrightarrow 2NaOH + H_2\uparrow$

$Mg + 2H_2O$ (熱水) $\longrightarrow Mg(OH)_2 + H_2\uparrow$

$3Fe + 4H_2O$ (高温の水蒸気) $\longrightarrow Fe_3O_4 + 4H_2\uparrow$

注 Na, Ca, Kは冷水, Mgは熱水, Al, Zn, Feは高温の水蒸気とそれぞれ反応する。これらの反応性は金属のイオン化傾向と関連している。

2 金属と酸の反応

(⇨39−3)

① 一般の酸の場合

$Zn + H_2SO_4 \longrightarrow ZnSO_4 + H_2\uparrow$

$2Al + 6HCl \longrightarrow 2AlCl_3 + 3H_2\uparrow$

注 水素よりイオン化傾向の大きい金属とH^+との反応である。

② 酸化作用のある酸の場合

$3Cu + 8HNO_3$ (希硝酸) $\longrightarrow 3Cu(NO_3)_2 + 4H_2O + 2NO\uparrow$

$Cu + 4HNO_3$ (濃硝酸) $\longrightarrow Cu(NO_3)_2 + 2H_2O + 2NO_2\uparrow$

$Cu + 2H_2SO_4$ (熱濃硫酸) $\longrightarrow CuSO_4 + 2H_2O + SO_2\uparrow$

注 Cu (Ag, Hgでも可)と, 硝酸・熱濃硫酸との反応である。

3 両性金属と強塩基の反応

(⇨42−2)

$2Al + 2NaOH + 6H_2O \longrightarrow 2Na[Al(OH)_4] + 3H_2\uparrow$

テトラヒドロキシドアルミン酸ナトリウム

$Zn + 2NaOH + 2H_2O \longrightarrow Na_2[Zn(OH)_4] + H_2\uparrow$

テトラヒドロキシド亜鉛(Ⅱ)酸ナトリウム

4 金属と金属イオンの反応

$Pb + 2AgNO_3 \longrightarrow Pb(NO_3)_2 + 2Ag$

$(Pb + 2Ag^+ \longrightarrow Pb^{2+} + 2Ag)$

$Zn + CuSO_4 \longrightarrow ZnSO_4 + Cu$

$(Zn + Cu^{2+} \longrightarrow Zn^{2+} + Cu)$

注 イオン化傾向の大きい金属ほど, 陽イオンになりやすい。

5 ハロゲン単体と水の反応

$2F_2 + 2H_2O \longrightarrow 4HF + O_2\uparrow$ (水と激しく反応) (⇨6−1)

$$Cl_2 + H_2O \rightleftarrows HCl + HClO$$ (⇨6−2)

次亜塩素酸

注 HClOは，次のように分解しやすい。 $HClO \longrightarrow HCl + (O)$

6 Cl_2と塩基の反応

$$Cl_2 + 2NaOH \longrightarrow NaCl + NaClO + H_2O$$

次亜塩素酸ナトリウム

$$Cl_2 + Ca(OH)_2 \longrightarrow CaCl(ClO)\cdot H_2O$$ （さらし粉の生成）

7 ハロゲン単体とハロゲン化物（ハロゲン化物イオン）の反応

$$2KI + Cl_2 \longrightarrow 2KCl + I_2$$

$$(2I^- + Cl_2 \longrightarrow 2Cl^- + I_2)$$

注 ハロゲン単体の反応性は，次のとおりである（反応性の弱いハロゲン単体が遊離）。

$F_2 > Cl_2 > Br_2 > I_2$ (⇨6−1)

注 ハロゲン単体のその他の反応には，次のようなものがある。

$H_2 + Cl_2 \longrightarrow 2HCl$　　$Cu + Cl_2 \longrightarrow CuCl_2$

$2Na + Cl_2 \longrightarrow 2NaCl$

8 その他の反応

① オゾンの生成　$3O_2 \longrightarrow 2O_3$

② 窒化マグネシウムの生成　$3Mg + N_2 \longrightarrow Mg_3N_2$

5 燃焼

1 非金属単体の燃焼

$C + O_2 \longrightarrow CO_2$ (⇨22−2)　　$4P + 5O_2 \longrightarrow P_4O_{10}$ (⇨21−1)

$2H_2 + O_2 \longrightarrow 2H_2O$ (⇨4−3)　　$S + O_2 \longrightarrow SO_2$ (⇨11)

注 N_2は空気中で燃焼しないが，高温でO_2と反応する。 $N_2 + O_2 \longrightarrow 2NO$

2 金属単体の燃焼　おもにこの5つ。

$4K + O_2 \longrightarrow 2K_2O$　　$4Na + O_2 \longrightarrow 2Na_2O$

$2Mg + O_2 \longrightarrow 2MgO$　　$2Ca + O_2 \longrightarrow 2CaO$

$4Al + 3O_2 \longrightarrow 2Al_2O_3$

注 CuやHgは燃焼しないが，空気中で加熱すると，酸化物となる。

$2Cu + O_2 \longrightarrow 2CuO$　　$2Hg + O_2 \longrightarrow 2HgO$

なお，加熱したCuOにH_2を通じると，次の反応が起こる（酸化還元反応）。

$CuO + H_2 \longrightarrow Cu + H_2O$

3 **化合物の燃焼**（有機化合物は除く）

$$2CO + O_2 \longrightarrow 2CO_2$$ （⇨23）

$$\begin{cases} 2H_2S + 3O_2 \longrightarrow 2H_2O + 2SO_2 & (O_2\text{が十分}) \\ 2H_2S + O_2 \longrightarrow 2H_2O + 2S & (O_2\text{が不十分}) \end{cases}$$ （⇨13－**2**）

注 燃焼ではないが，NOは空気中でただちにNO_2となる。 $2NO + O_2 \longrightarrow 2NO_2$
なお，NO_2はN_2O_4と平衡状態となる。 $2NO_2 \rightleftarrows N_2O_4$

6 酸化還元反応

※前記の4と5も酸化還元反応であるが，ここでは，一般に，酸化剤・還元剤として扱われる物質の酸化還元反応を記した。

1 **$KMnO_4$の反応**　$KMnO_4$は酸化剤で，硫酸酸性溶液で強い酸化作用を示す。

$$MnO_4^- + 8H^+ + 5e^- \longrightarrow Mn^{2+} + 4H_2O$$

注 溶液の色が赤紫色（MnO_4^-）からほとんど無色（Mn^{2+}；淡桃色）に変わる。

注 中性・塩基性溶液の場合，イオン反応式は次のようになる。

$$MnO_4^- + 2H_2O + 3e^- \longrightarrow MnO_2 + 4OH^-$$

2 **$K_2Cr_2O_7$の反応**　$K_2Cr_2O_7$は酸化剤で，硫酸酸性溶液で強い酸化作用を示す。

$$Cr_2O_7^{2-} + 14H^+ + 6e^- \longrightarrow 2Cr^{3+} + 7H_2O$$

注 溶液の色が赤橙色（$Cr_2O_7^{2-}$）から暗緑色（Cr^{3+}）に変わる。

3 **MnO_2の反応**　MnO_2は酸化剤。

$$MnO_2 + 4HCl \longrightarrow MnCl_2 + 2H_2O + Cl_2\uparrow$$

4 **$SnCl_2$の反応**　$SnCl_2$は還元剤。

$$SnCl_2 + 2Cl^- \longrightarrow SnCl_4 + 2e^-$$

5 **H_2O_2の反応**　H_2O_2は酸化剤であるが，還元剤としても反応する。

$$H_2O_2 + 2H^+ + 2e^- \longrightarrow 2H_2O$$ （酸化剤として）

$$H_2O_2 \longrightarrow O_2 + 2H^+ + 2e^-$$ （還元剤として）

6 **SO_2の反応**　SO_2は還元剤であるが，酸化剤としても反応する。

$$SO_2 + 2H_2O \longrightarrow SO_4^{2-} + 4H^+ + 2e^-$$ （還元剤として）

$$SO_2 + 4H^+ + 4e^- \longrightarrow S + 2H_2O$$ （酸化剤として）

7 その他のよく出る反応

1 NH_3の合成

(⇨18－3)

$N_2 + 3H_2 \longrightarrow 2NH_3$　（触媒；Fe）

2 HNO_3の製法

(⇨18－1)

$$\begin{cases} 4NH_3 + 5O_2 \longrightarrow 4NO + 6H_2O \\ 2NO + O_2 \longrightarrow 2NO_2 \\ 3NO_2 + H_2O \longrightarrow 2HNO_3 + NO \end{cases}$$

（加熱したPtに通じる）

3 $NaHCO_3$の製法

(⇨33)

$NaCl + NH_3 + CO_2 + H_2O \longrightarrow NaHCO_3 + NH_4Cl$

注 上記1をハーバー・ボッシュ法，2をオストワルト法という。また，3の反応に$NaHCO_3$を加熱してNa_2CO_3を得る反応をあわせてアンモニアソーダ法またはソルベー法という。

4 CaC_2の製法

(⇨37－5)

$CaO + 3C \longrightarrow CaC_2 + CO$

（CaC_2：カーバイド）

5 HFとSiO_2の反応

(⇨8－3)

$SiO_2 + 6HF \longrightarrow H_2SiF_6 + 2H_2O$　（ガラスを溶かす反応）

（H_2SiF_6：ヘキサフルオロケイ酸）

6 セッコウの反応

(⇨38－2)

$$CaSO_4\cdot 2H_2O \rightleftarrows CaSO_4\cdot\frac{1}{2}H_2O + \frac{3}{2}H_2O$$

（$CaSO_4\cdot\frac{1}{2}H_2O$：焼きセッコウ）

7 鉛蓄電池の反応

$Pb + PbO_2 + 2H_2SO_4 \rightleftarrows 2PbSO_4 + 2H_2O$

注 正極，負極それぞれにおける化学反応式は以下のとおり。

正極：$PbO_2 + 4H^+ + SO_4^{2-} + 2e^- \longrightarrow PbSO_4 + 2H_2O$

負極：$Pb + SO_4^{2-} \longrightarrow PbSO_4 + 2e^-$

8 過リン酸石灰の製法

$Ca_3(PO_4)_2 + 2H_2SO_4 \longrightarrow Ca(H_2PO_4)_2 + 2CaSO_4$

（$Ca(H_2PO_4)_2$：リン酸二水素カルシウム）

注 過リン酸石灰は，リン酸二水素カルシウムと硫酸カルシウムの混合物である。

8 金属イオンの反応と沈殿の色

1 黄色沈殿

$PbCrO_4$ ； $Pb^{2+} + CrO_4^{2-} \longrightarrow PbCrO_4\downarrow$ （⇨45－4）
クロム酸鉛(Ⅱ)

$BaCrO_4$ ； $Ba^{2+} + CrO_4^{2-} \longrightarrow BaCrO_4\downarrow$
クロム酸バリウム

AgI ； $Ag^+ + I^- \longrightarrow AgI\downarrow$ （⇨54－1）

CdS ； $Cd^{2+} + S^{2-} \longrightarrow CdS\downarrow$ （⇨59－2）
硫化カドミウム

2 赤褐色沈殿

水酸化鉄(Ⅲ) ； Fe^{3+}を含む水溶液にNaOH水溶液やアンモニア水を加えると生成。 （⇨48）

3 黒色沈殿

PbS ； $Pb^{2+} + S^{2-} \longrightarrow PbS\downarrow$
CuS ； $Cu^{2+} + S^{2-} \longrightarrow CuS\downarrow$
Ag_2S ； $2Ag^+ + S^{2-} \longrightarrow Ag_2S\downarrow$
FeS ； $Fe^{2+} + S^{2-} \longrightarrow FeS\downarrow$
（中性・塩基性）

} H_2Sで沈殿 （⇨59－1）
注 H_2Sで白色沈殿 （⇨59－2）
⇨ ZnS

CuO ； $Cu(OH)_2 \xrightarrow{\text{加熱}} CuO\downarrow + H_2O$ （⇨52－1）
注 Cu_2Oは赤色

4 青白色沈殿

$Cu(OH)_2$ ； $Cu^{2+} + 2OH^- \longrightarrow Cu(OH)_2\downarrow$ （⇨52－1）

5 濃青色沈殿

$$\left\{\begin{matrix} Fe^{2+} + [Fe(CN)_6]^{3-} \\ Fe^{3+} + [Fe(CN)_6]^{4-} \end{matrix}\right\} \longrightarrow KFe[Fe(CN)_6]\downarrow$$ （⇨48）

6 褐色沈殿

Ag_2O ； $2Ag^+ + 2OH^- \longrightarrow Ag_2O\downarrow + H_2O$ （⇨55－1）

注 アンモニア水を加えると，はじめ褐色沈殿Ag_2O，過剰で無色溶液$[Ag(NH_3)_2]^+$。 （⇨55－2）

7 **暗赤色沈殿**

Ag_2CrO_4 ； $2Ag^+ + CrO_4^{2-} \longrightarrow Ag_2CrO_4\downarrow$
クロム酸銀

9 金属イオンの反応と水溶液の色

1 Cu^{2+} ； **青色** ⇨ $[Cu(H_2O)_4]^{2+}$の色 (⇨51－**2**)
テトラアクア銅(Ⅱ)イオン

2 Fe^{2+} ； **淡緑色**
Fe^{3+} ； **黄褐色** (⇨48)

3 **深青色溶液**

⇨ $[Cu(NH_3)_4]^{2+}$ ； アンモニア水を加えたとき

$Cu^{2+} \longrightarrow Cu(OH)_2\downarrow \longrightarrow [Cu(NH_3)_4]^{2+}$
テトラアンミン銅(Ⅱ)イオン

注 アンモニア水を加えて深青色溶液 ⇨ Cu^{2+} (⇨52－**2**)

4 MnO_4^-(**赤紫色**) $\xrightarrow{\text{酸化作用}}$ Mn^{2+}(**淡桃色**；ほとんど無色)

5 CrO_4^{2-}(**黄色**) $\underset{OH^-}{\overset{H^+}{\rightleftarrows}}$ $Cr_2O_7^{2-}$(**赤橙色**) $\xrightarrow{\text{酸化作用}}$ Cr^{3+}(**暗緑色**)

元素の周期表

＊安定な同位体がなく，同位体の天然存在比が一定しない元素については，その元素の最もよく知られた同位体のなかから1種を選んでその質量数を〔　〕内に示してある。
＊104番以降の元素の詳しい性質はわかっていない。

元素名・原子番号・原子量（例：水素 1H 1.008）
元素記号：色文字……常温で気体／灰色文字…常温で液体／その他……常温で固体
□…非金属元素　□…金属元素
遷移元素（3〜12族，他は典型元素）

周期＼族	1	2	3	4	5	6	7	8	9	10	11	12	13	14	15	16	17	18
1	水素 1H 1.008																	ヘリウム 2He 4.003
2	リチウム 3Li 6.941	ベリリウム 4Be 9.012											ホウ素 5B 10.81	炭素 6C 12.01	窒素 7N 14.01	酸素 8O 16.00	フッ素 9F 19.00	ネオン 10Ne 20.18
3	ナトリウム 11Na 22.99	マグネシウム 12Mg 24.31											アルミニウム 13Al 26.98	ケイ素 14Si 28.09	リン 15P 30.97	硫黄 16S 32.07	塩素 17Cl 35.45	アルゴン 18Ar 39.95
4	カリウム 19K 39.10	カルシウム 20Ca 40.08	スカンジウム 21Sc 44.96	チタン 22Ti 47.87	バナジウム 23V 50.94	クロム 24Cr 52.00	マンガン 25Mn 54.94	鉄 26Fe 55.85	コバルト 27Co 58.93	ニッケル 28Ni 58.69	銅 29Cu 63.55	亜鉛 30Zn 65.38	ガリウム 31Ga 69.72	ゲルマニウム 32Ge 72.63	ヒ素 33As 74.92	セレン 34Se 78.97	臭素 35Br 79.90	クリプトン 36Kr 83.80
5	ルビジウム 37Rb 85.47	ストロンチウム 38Sr 87.62	イットリウム 39Y 88.91	ジルコニウム 40Zr 91.22	ニオブ 41Nb 92.91	モリブデン 42Mo 95.95	テクネチウム 43Tc 〔99〕	ルテニウム 44Ru 101.1	ロジウム 45Rh 102.9	パラジウム 46Pd 106.4	銀 47Ag 107.9	カドミウム 48Cd 112.4	インジウム 49In 114.8	スズ 50Sn 118.7	アンチモン 51Sb 121.8	テルル 52Te 127.6	ヨウ素 53I 126.9	キセノン 54Xe 131.3
6	セシウム 55Cs 132.9	バリウム 56Ba 137.3	ランタノイド 57〜71	ハフニウム 72Hf 178.5	タンタル 73Ta 180.9	タングステン 74W 183.8	レニウム 75Re 186.2	オスミウム 76Os 190.2	イリジウム 77Ir 192.2	白金 78Pt 195.1	金 79Au 197.0	水銀 80Hg 200.6	タリウム 81Tl 204.4	鉛 82Pb 207.2	ビスマス 83Bi 209.0	ポロニウム 84Po 〔210〕	アスタチン 85At 〔210〕	ラドン 86Rn 〔222〕
7	フランシウム 87Fr 〔223〕	ラジウム 88Ra 〔226〕	アクチノイド 89〜103	ラザホージウム 104Rf 〔267〕	ドブニウム 105Db 〔268〕	シーボーギウム 106Sg 〔271〕	ボーリウム 107Bh 〔272〕	ハッシウム 108Hs 〔277〕	マイトネリウム 109Mt 〔276〕	ダームスタチウム 110Ds 〔281〕	レントゲニウム 111Rg 〔280〕	コペルニシウム 112Cn 〔285〕	ニホニウム 113Nh 〔278〕	フレロビウム 114Fl 〔289〕	モスコビウム 115Mc 〔289〕	リバモリウム 116Lv 〔293〕	テネシン 117Ts 〔293〕	オガネソン 118Og 〔294〕

ランタノイド	ランタン 57La 138.9	セリウム 58Ce 140.1	プラセオジム 59Pr 140.9	ネオジム 60Nd 144.2	プロメチウム 61Pm 〔145〕	サマリウム 62Sm 150.4	ユウロピウム 63Eu 152.0	ガドリニウム 64Gd 157.3	テルビウム 65Tb 158.9	ジスプロシウム 66Dy 162.5	ホルミウム 67Ho 164.9	エルビウム 68Er 167.3	ツリウム 69Tm 168.9	イッテルビウム 70Yb 173.0	ルテチウム 71Lu 175.0
アクチノイド	アクチニウム 89Ac 〔227〕	トリウム 90Th 232.0	プロトアクチニウム 91Pa 231.0	ウラン 92U 238.0	ネプツニウム 93Np 〔237〕	プルトニウム 94Pu 〔239〕	アメリシウム 95Am 〔243〕	キュリウム 96Cm 〔247〕	バークリウム 97Bk 〔247〕	カリホルニウム 98Cf 〔252〕	アインスタイニウム 99Es 〔252〕	フェルミウム 100Fm 〔257〕	メンデレビウム 101Md 〔258〕	ノーベリウム 102No 〔259〕	ローレンシウム 103Lr 〔262〕